KB138542

공간을
탐하다

도시에
담긴
사람
시간
일상
자연의
풍경

공간을 탐하다

임형남 · 노은주 지음

* 일러두기

1. 외래어 인명과 지명 등은 국립국어원 외래어표기법에 따라 표기했다.
2. 단행본·신문은 『 』, 시·성경은 「 」, 영화·노래·연극·그림은 〈 〉, 앨범은 《 》로 표기했다.
3. 『성경』 구절은 대한성서공회 개역개정판을 따랐다.
4. 이 책에 수록된 사진 중에서 출처를 찾기 위해 노력을 다했지만, 누락된 것이 있다면
출처가 확인되는 대로 게재 허락을 받고 통상의 기준에 따라 사용료를 지불하겠습니다.

"건축가의 임무는
외관을 스케치하는 것이 아니라
공간을 창조하는 것이다."

– 헨드릭 페트뤼스 베를라허(네덜란드 건축가)

책머리에
우리를 매혹시키는 공간

현대를 사는 보통 사람들이 그렇듯 나도 하루 종일 여러 잔의 커피를 마신다. 예전에는 '다방 커피'를 마셨다. 인스턴트커피를 두 스푼, 정체불명의 하얀 '프림'을 두 스푼, 설탕도 두 스푼을 넣고 휘휘 저어서 걸쭉하게 만들어 뜨거운 김을 불어내며 후루룩 마셨다. 맛있게 커피 타는 비율을 공유하기도 하고 아예 섞어서 제품으로 나온 커피를 쟁여놓고 마시기도 했다. 그런데 어느 순간부터 쌉싸름하지만 커피 본연의 맛이라고 하면서 원두커피를 내려서 마신다. 그리고 원두의 종류와 산지, 로스팅 방법, 커피를 내리는 온도와 방식에 대해 이야기한다. 말하자면 기호품의 섭취에서 문화의 향유로 전환한 셈이다.

차를 마시는 행위 역시 마찬가지다. 홍차, 말차, 철관음차, 보이차 등 다양한 차가 있지만 사실 놀랍게도 우리가 아는 모든 차는 하나의 나무에서 나오는 잎으로 만든 것이라고 한다. 그렇지만 우리는 차를 한 잔 마실 때, 차의 다양성에 대해 오랜 시간 이야기를 한다. 어디에서 가져온 차이며 어떤 종류이며 어떤 맛이 난다는 등 이야기를 한다. 물을 끓이고 잔을 데우고 다시 물을 조금 식혀서 차를 내리는 그 지루하고 긴 시간 따위는 아무런 문제가 되지 않는다. 그것이 차를 즐기는 방법이라는 공감대가 있고, 그것 또한 문화라는 지붕 아래 모이는 것이기 때문이다.

우리가 늘 타고 다니는 자동차에서부터 옷, 가방, 만년필, 와인 등 모든 것이 그렇다. 그 안의 이야기를 듣게 되고 이해하는 순간, 단순한 물건이나 상품의 범주를 뛰어넘는다. 그것은 사람들이 살아가는 자취이고, 그런 자취 혹은 삶의 무늬가 바로 문화의 본질인 것이다. 문화는 이야기이며 커다란 성채城砦다. 우리가 그 안에 들어가 충성을 맹세하고 존경을 표하기만 하면 그 성의 주민이 된다.

하지만 불행히도 우리에게 건축은 아직 문화가 아니라 산업이며 재산 증식의 수단일 뿐이다. 외국의 유명한 건축물은 시간과 돈을 들여 일부러 보러 가지만 지금 여기의 건축은 다른 의미다. 어떤 기호나 취향이나 스타일이 아닌 환금성이 가장 큰 건축의 존재 가치로 결정되는 현상이 '지금, 여기에' 사는 우리의 모습이 아닐까 생각하면 씁쓸하기만 하다.

알다시피 문명에 대해 이야기를 하자면 늘 그 시대의 건축에 관한 이야기부터 시작한다. 건축은 가장 오래 남는 물질문명이며 문화이고 시대를 반영하는 척도이기 때문이다. 이집트의 피라미드나 그리스의 파르테논 신전이나 프랑스의 에펠탑 등 그런 대단한 건축만이 아니다. 거리를 거닐다 만나는 작은 가게, 누군가의 정성 어린 손길이 담긴 작은 정원, 사람들의 애환이 담긴 오래된 시장……. 흔하디 흔한 익숙하고 일상적인 풍경도 그 안에 한 걸음 더 들어가는 순간 마법처럼 우리에게 그 공간만의 이야기를 들려준다. 이야기를 듣고 나면 그 공간은 의미가 더해지고 점점 더 넓어져 하나의 작은 우주가 된다.

이 책은 나를 매혹시키는 장소와 기억에 관한 이야기다. 더불어 건축에 관한 이야기를 우리의 일상에 담긴 시간들을 더듬어가며 엮었다. 또 이 책은 건축을 보며, 그 건축에 관한 매혹에 대해 그 공간이 주는 감동에 대해 이야기하는 시간이 오면 좋겠다는 생각들을 모은 것이다. 이야기의 구조 속에 건축을 녹여내다 보니 객관적인 정보보다는 다소 주관적인 이야기가 많이 들어가버렸다. 그래도 개개인의 기억이 모여서 역사가 되고 도시가 된다는 관점에서는 개별이 모여 보편이 되는 과정이라고 생각한다. 기억과 시간은 흘러가는 게 아니라 쌓이는 거라고 들었다. 마르셀 프루스트의『잃어버린 시간을 찾아서』에서 나오는 마들렌 과자처럼, 이 책의 어느 페이지가 누군가에게는 무심결에 흘려보냈거나 잊고 있던 자신만의 공간을 되찾게 되는 데 도움이 되었으면 한다.

2021년 늦가을에
임형남·노은주

책머리에 • 6

제1장 사람을 담다 도시의 공간

우리는 어디서 와서 어디로 가는가? 서울역

일상에서 여행으로 • 17
풍경 속으로 빠져들다 • 21
근대의 흥망성쇠를 지켜보다 • 26

법 앞에 만인은 평등하다 헌법재판소

민원, 천재지변보다 무서운 재난 • 30
목소리 큰 자가 이익을 보는 세상 • 34
상식과 원칙이 지켜지는 사회 • 39

사람이 모이고 사람을 담다 광화문광장

하고픈 말을 품고 광장으로 나가다 • 44
자율성만으로 채워지는 사람들의 마당 • 48
무엇이 광장을 만드는가? • 52

싸우고 절충하고 타협하다 국회의사당

필리버스터로 진실을 알리다 • 57
민의를 대변하고 권위를 세우다 • 61
민주주의는 시끄럽고 비효율적인 것이다 • 66

자본주의의 첨병에 서다 캠퍼스

지성의 열매를 구하는 들판 • 71
낭만이 사라진 캠퍼스 • 75
연대감과 자부심의 공간 • 80

제2장 시간을 담다 기억의 공간

전쟁의 기억을 간직하다 철원 노동당사

덕후와 서태지 • 87
모든 것은 모든 것에 맞닿아 있다 • 91
갈라진 세계와 끊어진 기억을 잇는 시간의 터널 • 95

역사의 비극을 기억하다 덕수궁 정관헌

참혹한 역사의 기억 • 100
몰락해가는 조선의 자존심을 지키다 • 104
정동에 남겨진 시간들 • 107

탐욕 위에 희망을 세우다 히로시마 평화기념공원

우리의 미래는 어디인가? • 113
나는 네가 상상도 못할 것을 보았다 • 117
반복하지 말아야 할 역사 • 121

과거와 현재의 시간을 만나다 산 카탈도 공동묘지

기억의 일곱 가지 죄악 • 125
기억과 시간 속에서 길을 잃다 • 129
기억은 재구성된다 • 133

원초적인 공간과 만나다 발스 온천

아직도 오지 않는 '고도'를 기다리며 • 138
좌절하고 포기할 것이 아니라 반항하라 • 142
실존적인 나와 만나는 어떤 순간 • 147

제3장 일상을 담다 놀이의 공간

지식의 교류와 교감이 이루어지다 서점

여름은 독서의 계절 • 155
책방을 추억하다 • 159
동네 서점이 돌아왔다 • 163

그곳에 사람이 살고 있었다 골목

공장에서 들려오는 자본주의의 찬가 • 168
낡은 것, 더러운 것, 낙후된 것 • 172
인간에 대한 존경과 시간에 대한 경외 • 176

자유와 저항을 노래하다 클럽

홍대 앞 지하실, 공연장이 되다 • 182
젊음과 저항의 상징 • 186
들판으로 나간 록의 창조자와 소비자들 • 190

예술과 문화가 넘치다 홍대 앞과 낙원상가

우리를 사로잡는 것들 • 195
매혹의 장소들 • 199
동네의 몰락과 낙원의 매혹 • 203

사람에 대한 배려 서울로 7017

도시의 성장 과정 • 209
산업화 시대 이후에 남겨진 도시의 유산들 • 212
도시의 속도, 사람의 속도 • 217

제4장 자연을 담다 휴식의 공간

오아시스를 만나다 아미티스 가든

세상에서 가장 어려운 일은 과로를 피하는 것 • 225
위로와 휴식이 필요한 시대 • 229
정원에서 휴식하며 뒤를 돌아보다 • 233

자연이 땅을 치유하다 선유도공원

살려야 할 대상이 무엇인지 알 수 없는 재생 • 238
부수고 새로 짓자 • 242
오랜 시간 쌓여온 도시의 정체성 • 246

자연을 존경하다 무린암과 줘정원

자연이 자연스럽게 스며들다 • 251
이웃이 없는 집 • 256
이야기를 풍경으로 만들다 • 261

자연을 품다 데시마 미술관

자연으로 들어가는 건축 • 265
자연에 대한 예찬 • 269
땅속에서 만난 건축 • 273

자연을 향해 창을 열다 고안

차를 사랑한 추사와 초의선사 • 278
절대 자유의 경지로 드는 일 • 282
유리로 만들어진 '빛의 암자' • 287

참고문헌 • 291

제1장

사람을 담다
도시의 공간

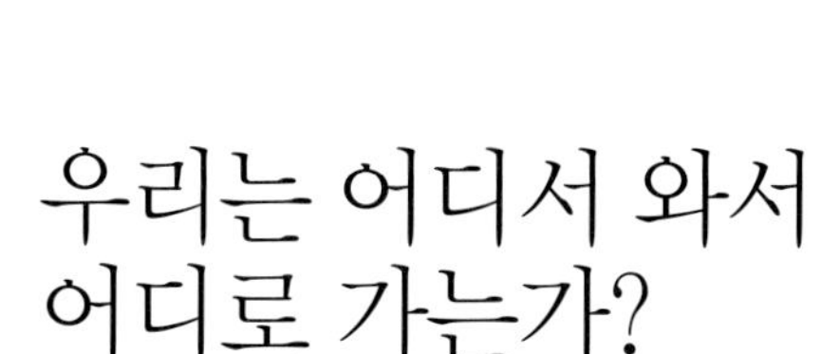

우리는 어디서 와서 어디로 가는가?

서울역

일상에서 여행으로

내가 이용했던 최초의 교통수단은 전차였다. 당시 서울에는 버스와 택시도 있었지만, 가장 대중적인 교통수단은 전차였다. 초등학교 다닐 때 전차를 타고 통학을 했는데, 5원을 주면 전차표를 두 장 건네주었다. 그렇다면 편도 요금은 2원 50전이었는데, 버스의 편도 요금은 3원이었다.

전차가 딸랑거리며 1차로로 아스팔트 위에 박혀 있는 빤질거리는 철길을 타고 나타난다. 철길은 도로 면과 거의 같은 높이에 있어서 평소에는 별로 인식이 되지 않을 정도였다. 전차는 철길을 타고 미끄러지듯 들어왔다. 전차 위로는 전선이 지나가고 전차에 붙어 있는 두 개의 더듬이같이 생긴 연결장치가 전기를 공급했다.

차장 아저씨라고 부르던 정복에 모자를 쓴 운전사가 하얀 장갑을 낀 두 손으로 캐비닛 손잡이같이 생긴 레버를 무료하고 성의 없게 주물럭거렸다. 그것은 운전이라고 표현하기도 참 어색했다. 그 아저씨는 표를 받고 우리에게 탑승을 허락해주었다. 물론 정해진 선로 위로 정해진 속도로 달리니, 딱히 그가 할 일은 없어 보였지만 그래도 멋있어 보였다.

전차가 서면 길가에 서 있다가 도로를 가로질러 가서 전차를 탔다. 을지로 큰길로 자동차는 아주 드문드문 다녔으므로, 그렇게 도로를 가로질러 가도 별로 위험할 일은 없었다. 말하자면 교통수단과 보행자는 긴장감이 없는 편안한 관계였다. 그 당시 도시의 속도와 같았다. 도랑물이 아주 천천히 골목을 유유자적하며 지나가듯 모든 것이 여유로웠고 급할 일이 하나도 없었다.

전차가 일상이었다면 기차는 무척 특별했고 빨랐다. 기차를 타기 위해서는 분주히 움직여야 했고 많은 사람 속을 헤치고 들어가야 했다. 기차를 탄다는 것은 어디론가 멀리 떠나는 일이며, 일상과도

1960년대 서울 시내의 전차 정류장에 사람들이 몰려들고 있다.
전차 철길이 도로 면과 거의 같은 높이에 있어 평소에는 잘 인식이 되지 않을 정도였다.

한참 멀리 벗어나는 일이어야 했다. 또한 전차에 비하면 기차는 무척 고급스러웠고 길었다.

달랑 한 량으로 시내를 유유자적 달리던 전차와는 달리, 기차는 여러 대가 길게 연결되어 있었고 서로 내부가 연결되어 있었다. 기차는 거센 경적을 울리며 출발하고 아주 빠른 속도로 움직였다. 그리고 기차가 달릴 때 나는 '칙칙폭폭' 혹은 '철커덕철커덕'하는 소리를 들으면, 어디론가 떠난다는 생각과 더불어 세상을 힘차게 살아가는 힘이 솟는 듯했다.

내가 본 것 중 가장 인상에 남아 있는 기차역은 〈센과 치히로의 행방불명〉(2002년)이라는 일본 애니메이션에서 보았던 물 위의 기차역이다. 현실과 환상 속의 세상이 교차하는 내용의 애니메이션이었는데, 영화의 말미에 주인공이 기차를 탄다. 평지가 갑자기 물길이 되고 바다가 되고 그 위로 기차가 둥둥 떠서 들어온다. 플랫폼 아래로 물이 찰랑거리는데, 그 위로 달리는 기차의 풍경은 너무나 평온했으며 환상적이었다.

그 영화를 보던 즈음 한국철도공사에서 여러 군데의 지방도시 기차역 설계 공모를 진행했다. 그중에 동해안에 있는 도시 울진에 기차역을 만드는 일이 있었다. 나는 무턱대고 응모 신청을 하고, 영화에서 보았던 그 느낌을 섞고 바다 위에 떠 있는 바위의 형태를 넣어 기차역을 설계했다. 물론 뽑히지는 않았고, 그때 주최 측이 뽑았던 아주 익숙하고 사무적인 형태의 당선안도 어쩐 일인지 실현되지 않았다. 아마도 삼척에서 포항을 잇는 철도 개통 시기가 계속 늦춰지면서 그렇게 된 모양이다(삼척에서 포항까지를 잇는 동해선은 2022년 12월에 개통될 예정이다).

풍경 속으로 빠져들다

기차역은 아주 특별한 장소였다. 기차를 타고 몇 시간을 달리다 보면 무수히 많은 역이 주마등처럼 스쳐서 지나간다. 간혹 길게 서는 역에 도착하면 황급히 내려서 플랫폼에서 김을 풀풀 풍기는 가락국수를 한 그릇 후루룩 마시고 다시 올라탄다.

지금은 없어졌지만 1960년대까지만 해도 기차에 침대칸이 있었는데, 나는 그 기차를 타고 시골에 갔던 적도 몇 번 있다. 가로누워서 바라보는 풍경은 나와 평행하게 흘러가고 있었고 그 풍경으로 들어가는 느낌이 훨씬 더했다. 잠이 드는 게 아니라 풍경으로 깊게 꽂히는 느낌이었다. 그때의 기차는 빠르고 편리하면서도 너른 들판처럼 평온하고 목가적인 느낌이었다.

"슬픔은 간이역에 코스모스로 피고 / 스쳐 불어온 넌 향긋한 바람"(김창완, 〈너의 의미〉)이라는 가사처럼 '간이역'이라는 단어에 들어 있는 여러 가지 감상 혹은 슬픔이 깔려 있는 안도감, 그것은 고향으로 갈 수 있다는 안도와 떠도는 삶에 대한 회한 같은 것 아닐까? 작은 시골 역들이 아직도 잘 남아 있으며 인근을 다니는 많은 주민이 그 역에서 서는 기차를 믿고 다닌다. 간혹 연착이 되어 늦게 도착해도 불평하는 사람은 별로 없다.

어릴 적 유난히 나를 아끼셨던 할머니를 따라 기차를 타고 여기저기 다녔다. 독실한 불교 신자였던 할머니는 특히 태백의 어느 이름 모를 절을 정기적으로 가셨는데, 한적한 기차역에서 내려 버스를 타고 들어가서 다시 한참 산길을 오르기도 했다.

나이를 먹고 거리 감각이 생기고 나서 새삼 놀랐던 일 중 하나가 그때 하루 종일 기차를 타고 찾아갔던 곳들이 실은 내가 살던 서울에서 그리 먼 곳이 아니었다는 것이다. 정확한지는 모르겠지만 서울에서 원주까지 8시간 정도 걸렸던 기억이 난다. 지금은 서울에서 차로 불과 1시간 반 남짓 걸리는 원주를 가기 위해 비둘기호를 타면, 아침에 타고 오후에 내렸다.

요즘은 주로 일하러 가기 위해 기차를 탄다. KTX가 본격적으로 개통되고 많은 도시가 가까워졌다. 웬만한 도시는 대부분 2시간 이내면 닿고, 버스로 4시간 가까이 걸리던 전남 구례도 기차로 2시간 반이면 도착한다. 서울에서 주변 도시로 오가는 시간 정도면 되니 이제 먼 곳, 가까운 곳의 기준은 실제 거리보다 기차를 타고 갈 수 있는지 없는지로 정해진다.

그 덕분에 답사를 가는 빈도가 줄었다. 예전에는 대중교통으로는 대안이 없으니 차를 가지고 현장을 다닐 때, 일을 보고 나면 부지런히 근처에 있는 사찰이나 옛집을 보러 『나의 문화유산답사기』와 지도의 도움을 받아 찾아가기도 했다. 지금은 그저 한 점에서 점으로 옮겨지는 신세가 되어, 주변 답사는 꿈도 꾸지 못한 채 아껴진 시간에 감사하며 사무실로 돌아온다.

그러다 몇 년 전 모처럼 휴식을 목적으로 기차를 타고 동해에 갔다. 오랜만에 찾아간 청량리역은 무척 많이 변했다. 떠들썩한 것은 여전했지만 뭔가 깔끔하고 깨끗하고 커다란, 그래서 별로 특별하지 않게 느껴지는 청량리역에서 강릉까지 불과 1시간 반밖에 걸리지 않았다. 2018년에 열렸던 평창 동계올림픽 덕분이다. 올림픽 이후

청량리역에서 무궁화호를 타고 출발하면 망상까지 5시간 정도 걸린다.
휴가철 한 달만 기차가 정차하는 간이역인 망상해수욕장역은 걸어서 5분 거리에 바다가 있다.

로 다시 썰렁해진 강릉역에서 망상해수욕장역으로 가는 무궁화호 열차로 갈아탔다.

망상해수욕장은 7번 국도를 지날 때마다 차 안에서도 바로 바다로 뛰어들 수 있을 듯 가까운 풍경이 마음에 들어서 한 번쯤 꼭 들러보고 싶었는데, 기차를 타고 갈 수 있다는 것은 미처 몰랐다. 7월 중순부터 딱 한 달간 운행되는 해변열차는 우리가 잘 아는 정동진역을 지나 망상으로 간다.

강릉을 출발하자마자 기차 창밖으로 바다가 넘실대며 다가왔다. 감탄할 새도 없이 30분이면 망상에 도착하는데, 간이역은 10명 남짓 앉으면 무릎이 닿을 정도로 아담했다. 그렇게 강릉을 거치지 않고도, 청량리에서 바로 무궁화호를 타고 출발하면 망상까지 5시간 정도 걸린다.

기차역에서 5분만 걸으면 바다다. 폭염이 예고된 여름 한복판, 해수욕장의 모래는 밟기 어려울 정도로 뜨거웠지만 바닷물은 놀랄 정도로 차가웠다. 나는 막 기차에서 내린 차림 그대로 바다로 뛰어들었다.

근대의 흥망성쇠를 지켜보다

사람들은 기차를 통해 거리를 극복했고 시간을 극복했다. 그리고 새로운 시대를 열었다. 기차는 인류를 근대로 옮겨준 교통수단이었다. 그 많은 기차역 중에서도 가장 상징적인 존재는 서울역이었다. 많은 해후와 이별이 이루어지며, 기회를 얻기 위해 분주히 서울로 올라오는 많은 사람이 꼭 거쳐야 하는 곳이었다.

일제강점기에 일본인에 의해 만들어졌고, 이후에도 서울의 관문 역할을 오랫동안 하면서 많은 사람의 흥망성쇠를 묵묵히 지켜보았다. 서울역으로 들어가서 장엄한 플랫폼을 통해 계단을 오르면, 정해진 자리가 있고 차창 밖으로 그럴듯하게 풍경이 지나간다.

나도 기차는 서울역에서 주로 탔다. 물론 용산역도 있었고 청량리역도 있었지만, 나의 행선지가 서울역에서만 출발했던 것인지 아니면 집이 가까워서였는지 모른다. 근처에서 버스를 내리고 광장을 가로질러 서울역으로 들어가면, 웅장한 실내가 펼쳐지는 것이 아니라 우뚝 솟아 있었다.

당시 내 눈에 그렇게 높은 천장은 처음 보았던 것 같았고 위압적이었다. 오히려 실내가 좁은 느낌이었다. 항상 사람이 많았고 공간이 혼돈스러웠다. 영상을 빠르게 돌리듯 실내는 무언가로 급하게 빨려들어가는 물살 같았다.

나의 서울역에 대한 인상은 그렇다. 물론 고풍스러운 외관도 멋지기는 했지만, 당시 서울에서는 그런 외관의 근대 건축물이 많이 있었기에 그렇게 큰 감동은 없었다. 오히려 내가 다니던 학교 길 건너편에 있었던 당시 내무부 청사였던 구舊 동양척식주식회사 사옥이 더 인상적이었다. 왜 그랬는지 모르겠지만 나는 오히려 그 건물을 처음 보았을 때 기차를 연상했다.

방학 내내 시골에서 지내고 개학을 앞두고 집으로 돌아올 때 서울역 역사驛舍를 나서면 광장이 보이고 사람들이 보이며 도시 특유의 매캐한 냄새가 났다. 그런데 신기하게도 그 냄새는 나에게 안도감을 주었다. 아직도 기억나는 아주 이질적인 고향의 냄새였다.

이제 기차역은 사람들을 실어나를 뿐만 아니라 자본주의도 실어나른다. 서울역, 용산역, 영등포역 등 많은 '민자' 역사에는 백화점, 극장, 푸드 몰 등 사람들이 모여서 즐길 거리를 듬뿍 제공한다. 도시와 시골의 이질감이 갑작스레 맞닥뜨리는 충돌의 지점이었던 기차역은 더는 없다. 서울역도 2004년 새로운 민자 역사가 신축되면서 구舊 역사는 폐쇄되었다가, 2011년 원형 복원 공사를 마친 후 사

1925년 준공되어 서울의 관문을 상징하던 서울역은 2004년 새로운 민자 역사가 신축되면서 '문화역서울284'라는 이름의 복합문화공간으로 활용되고 있다.

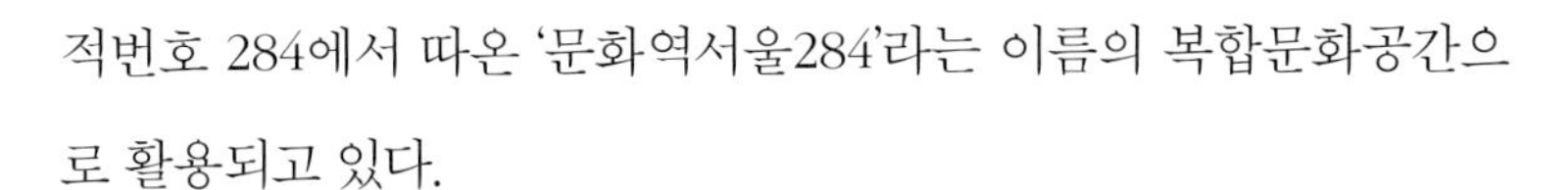

적번호 284에서 따온 '문화역서울284'라는 이름의 복합문화공간으로 활용되고 있다.

서울역은 원래 경성역이라 불렸으며 1925년 준공되었다. 1900년 개통된 약 33제곱미터 규모의 남대문정거장이 전신이며, 베이징이나 모스크바까지도 철도를 연결해 지배와 수탈의 거점으로 삼으려는 일제의 야심에 의해 건립된 역이다. 조선총독부 철도국 공무과 건축계의 주도하에 도쿄역을 설계한 다쓰노 긴고辰野金吾의 제자로 도쿄대학 교수인 쓰카모토 야스시塚本靖가 설계를 담당했다고 전해진다. 지하 1층, 지상 2층, 연면적 6,836제곱미터의 규모로, 1층은 대합실, 2층은 귀빈실과 식당(그릴), 지하는 역무실로 사용되었다.

서울역의 비잔틴풍의 돔과 르네상스적인 외관은 과거의 좋아 보이는 양식을 취사선택해서 조합하는, 당시 유럽과 일본에서 유행하던 절충주의 건축의 파편으로 보인다. 경성역의 '그릴'에서 많은 문화예술인이 모여 식민시대의 갈등 속에서 사교를 하고 예술을 논했던 자취가 이상이나 박태원의 소설에 남아 있다. 과거와 미래가 공존하던 찬란하고 서글펐던 한 시대의 기억이, 다시 문화라는 이름의 플랫폼이 되어 우리를 머물게 한다.

법 앞에 만인은 평등하다

헌법재판소

민원, 천재지변보다 무서운 재난

오래전 건축을 주제로 영화를 만들고 싶다고 찾아온 사람이 있었다. 건축 영화라면 언뜻 떠오르는 건 딱딱한 제목과 달리 아련하고 애틋한 첫사랑 이야기였던 〈건축학개론〉(2012년) 정도인데, 집 짓는 과정에서 벌어지는 주인과 건축가, 시공자 등 관계자들 사이의 갈등을 재미있게 이야기로 풀어보겠다고 하니 신선하면서도 걱정이 앞섰다.

의식주 중에 특히 영상미디어인 방송이나 영화 소재로 삼기가 가장 어려운 것이 주住, 즉 집에 대한 것이라고 한다. 요리를 소재로 한 프로그램들이 한창 유행했던 것도 한두 시간이면 웬만한 재료, 심지어 냉장고에 남아 있는 재료를 가지고도 보기도 좋고 맛도 있는 한 그릇의 음식을 뚝딱 만들어낼 수 있기 때문일 것이다.

패션에 대한 것 역시 시각을 기반으로 한 다양하고 화려한 이미지를 손쉽게 구성할 수 있는 데 비해 건축은 유독 까다롭다. 단순한 감상의 대상이라기도 모호하고, 집 짓는 과정을 자세히 살펴보자면 아무리 짧게 잡아도 한두 달 혹은 그 이상의 시간이 걸리고 비용도 막대하게 드는 데다 딱히 재미의 포인트를 찾기도 어렵다. 그러다 보니 간혹 방송이나 영상 관련 자문 요청이 와도 특별히 새롭게 보여줄 만한 것이 없다고 결론이 나기도 했는데 이번에는 뭔가 다를 모양이었다.

일단 집 짓는 과정에서 일어나는 다양한 문제에 대해 하나하나 꺼내보았다. 가장 자주 발생하는 갈등은 당연히 돈 문제다. 처음에 시작할 때 얼마이면 되겠지 했는데, 생각보다 물가는 금세 오르고 좋은 기술자들은 인건비를 높여 부르며 건축주는 자꾸만 더 좋은 자재에 눈이 간다. 거기에 공사 기간도 늘어나기 마련이니 집을 짓는 비용은 늘 예산의 10~20퍼센트의 추가 금액이 발생하기 일쑤

집을 짓는 과정에서 천재지변보다 무서운 민원은 언제 해결될지 기약도 없고
해결의 방법을 찾기도 쉽지 않다. 더구나 복잡한 도시 지역일수록 민원이 많아진다.

다. 그 비용을 선뜻 내는 건축주도 별로 없고 전혀 안 받는 시공자도 없으니 애꿎은 건축가만 그 사이에서 곤란해진다.

그다음은 민원이 문제다. 보통 피치 못할 경우가 아니면 태풍 한 번은 지나가고 폭염도 있고 장마도 있는 변화무쌍한 우리나라 기후를 고려해 혹한기나 혹서기를 피해 공사를 하기 때문에 예상치 못한 천재지변으로 공사가 지체되는 일은 드물고 기다리다 보면 해결이 되기도 한다. 그러나 사람으로 인한 문제, 즉 '민원民願'이 발생하면 그런 천재지변보다도 무서운 상황이 된다. 언제 해결이 될지 기약도 없고 해결의 방법을 찾기도 쉽지 않다.

민원이란 원래 주민이 행정기관에 대해 원하는 바를 요구하는 일이니 주민과 주민 간의 일이 아니다. 통행이 불편한 도로를 포장해 달라든가, 어려운 이웃에 대한 지원을 늘려 달라든가, 어두운 골목길에 가로등을 달아 달라든가 등 당연히 요구해야 할 일은 참 많다. 그런데 건축에서 말하는 민원이라고 하면 주로 직접 당사자 사이에 풀어야 할 이웃 간의 갈등을 행정기관의 힘을 빌려 해결하려 하는 경우가 대부분이다.

물론 정말 옆집이 집을 짓다가 기초공사를 제대로 하지 않아 우리 집 담에 금이 갔으니 보상해 달라든가, 너무 먼지가 날려 건강상의 문제가 생길 수 있으니 가림막을 잘 쳐 달라든가 하는 당연한 요구사항도 있다.

그러나 우리 집보다 높게 지으면 전망을 가리니 집의 층수를 낮춰 달라든가, 전봇대를 새로 설치할 때 우리 집 앞을 지나지 않도록 하라든가, 심지어 어떤 집은 66제곱미터 정도의 땅에 33제곱미터가 채 안 되는 규모로 짓고 있었더니 그렇게 작은 집을 무엇 하러 짓느냐는 등 상식 이하의 말도 안 되는 민원도 있었다.

그러면 그런 민원은 대체 누가 넣는가? 우리는 그 영화 제작자에게 집 지으려는 땅에 처음 갔을 때 가장 먼저 다가와 낯선 이방인에게 친절하게 대해주는 사람이 가장 세게 민원을 넣기도 하니 방심은 금물이라고 조언해주었다.

목소리 큰 자가 이익을 보는 세상

건축을 하다 보면 비슷비슷한 집을 짓는 것 같아도 땅이 다르고 사람이 다르다 보니 매번 새로운 경험을 하게 되는데, 그게 좋은 일일 때도 많지만 반대의 경우도 적지 않다. 그럴 때 업무에서 겪은 어이없는 민원과 그에 대한 행정기관의 일방적이고 고압적인 대처 방식은 타임머신을 타고 유신정권 시절까지 돌아간 듯한 기분을 느끼게 한다.

민원을 해결하고 중재해주어야 할 행정기관에서, 집을 지으려던 땅의 이웃이 우리 경계를 넘어와 세운 담장 때문에 생긴 분쟁을 건축가가 나서서 해결하라며 공문까지 보내면서 설계 업무 외적인 부분까지 개입하도록 강요한다. 그에 대해 해당 관청에 이의를 제기하고 상급기관인 국토교통부에 질의를 넣었더니 한참 지나서 나온 결론은 '허가권자와 상의하라'는 것이었다. 도돌이표가 가득한 악보처럼, 예전 같으면 유관 부서에서 건축법에 근거한 기준을 제시했을 법한 일까지 법적 판단을 분쟁 당사자들에게 맡기고 책임을 피하겠다는 태도로 바뀐 것도 우리 사회가 후퇴하고 있다는 현실을 체감하게 한다.

이미 2000년대 초반 이후부터 전자민원 방식으로 처리되던 제출 서류들을 직접 들고 와서 설명하라고 부른다든가, 그래서 협의를 하러 찾아간 민원인들을 일부러 기다리게 해서 줄을 세운다든가, 건축법에도 없는 지자체 내규(그러나 절대 그 규정을 공개하지는 않는다)를 들어 이미 적법하게 설계한 내용을 임의로 고치라고 한다든

법 앞에 만인이 평등하다지만 남보다 더 큰 목소리로 괴롭히는 자가 이익을 보는 일상의 풍경은 우리나라의 정치적 현실과 닮아 있다. 이탈리아 헌법재판소.

가 하는 등 헤아리다 보니 끝이 없다.

내내 놀고 있는 듯 보이는 국회에서도 일은 하기 때문에 끊임없이 여러 가지 법이 새로 만들어지고 공표된다. 건축 관련 법령만 해도 지진이 나면 내진설계 기준이 강화되고 화재가 나면 불연재료 기준이 높아진다. 그렇게 바뀐 법이 합리적일 때도 있지만 땜질식 처방일 때도 많고, 더욱 큰 문제는 해석하기에 따라 늘었다 줄었다 하는 고무줄 잣대가 된다는 점이다. 법 앞에 만인이 평등하다지만 민원 앞에서는 남보다 먼저, 더 많이, 더 큰 목소리로 괴롭히는 자가 이익을 보는 일상의 풍경은 지금 우리나라의 정치적 현실과 무척 닮아 있다.

게다가 지방자치 시대임을 잊지 않게 해주는 조례들이 있다. 건축법에 없지만 지켜야 하는 규정이 이웃집 경계선에서 50센티미터를 띄어 집을 앉혀야 한다는 것(민법 제242조 '경계선 부근의 건축')인데, 이 법은 사실 오래전 처마 길이 때문에 생긴 것이다. 경계에 바짝 붙여 집을 짓다 보면 건물의 처마가 남의 집으로 넘어가기 때문에 이를 방지하고자 생긴 법이 이미 처마가 없어진 도시 한복판의 건축물에도 계속 적용되고 있는 것이다.

심지어 요즘은 각 지자체마다 조례로 옆집과의 이격 거리를 1미터 혹은 그 이상으로 규정하고 있어 민법만 기억하다가는 낭패를 보는 경우도 많다. 그러다 보니 비슷한 위치와 조건의 땅인데도 지자체마다 달리 적용되는 조례를 적용하다 보면 집 지을 자리나 형태가 어떤 집은 유리하고 어떤 집은 불리해지는 경우가 생기는데, 그것은 어찌 보면 헌법에서 보장한 개인의 재산권을 침해하는 일이 된다.

법에도 일정한 단계가 존재하고 상위법이 하위법에 우선하며, 하위법은 상위법의 내용에 위반될 수 없다는 가장 기본적인 법 적용 원칙에 반하는 일인데도 현장에서는 외면되는 경우가 적지 않다. 그런 틈을 악용해서 집요한 민원인들이 제기하는 억지성 민원이 이어질 때, 민원을 받는 사람의 괴로움도 모르는 것은 아니지만, 그렇다고 욕망과 악의와 왜곡이 상식과 원칙을 이기는 일을 방조해서는 안 될 일이다.

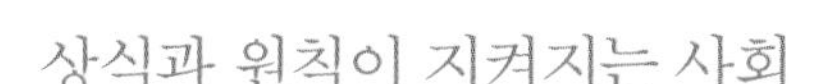

상식과 원칙이 지켜지는 사회

법의 여신은 눈을 가리고 한 손에는 저울을, 한 손에는 칼을 들고 있다. 인간세상에서 재판을 할 때 주관성을 버리겠다는 뜻으로 눈을 가린 것이고, 한 손에는 법을 엄격하게 집행하겠다는 뜻으로 칼이나 법전을 들고, 한 손에는 편견을 버리고 공평하고 정의롭게 옳고 그름을 가리겠다는 의미로 저울을 들고 있다는 것이다.

눈을 가린 만큼 귀를 열고 마음을 열어 옳은 길을 보아야 할 '법'이란 국가의 강제력을 수반하는 사회규범이고, 국가와 공공기관이 제정한 법률·명령·규칙·조례 등이 해당된다. 법을 만들고 집행하는 국가는 다르겠지만, 개인이 느끼는 '법'의 영역은 그저 나에게 큰 손해를 끼치지 않는 범위에서 어디로 기울지 않고 공평하게 적용되었으면 하고, 억울한 사람이 없도록 상식선에서 집행되었으면 한다는 소박한 바람 정도다.

그러나 그 '상식'이라는 것이 무너지는 모습을 우리는 오랫동안 참담한 마음으로 지켜보았다. 그리고 아마도 헌법에 대한 관심이 지금처럼 집중된 적은 없었을 것이다. 많은 사람이 일상의 현장에서 상식과 원칙이 무너지는 일을 수시로 겪다 보니, 진실을 밝히고 정의를 세우는 일이 오히려 거의 불가능하고 비현실적인 일처럼 여겨지기도 한다. 그래서 더더욱 시민들이 광장에 나가 자신의 목소리를 외치고 있는 것인지도 모른다.

2017년 봄, 탄핵 선고가 임박했을 무렵 볼일을 보러 종로 가회동 근처에 나갔다가 헌법재판소 앞을 지나다 보니, 탄핵 기각을 주장하는 1인 시위대가 그 앞에서 기세등등하게 버티고 서 있었다. 탄핵에 찬성하는 목소리는 왜곡해 축소하고, 반대의 목소리에는 대통령이 앞장서서 감사의 인사를 던지는 이상한 나라에 살고 있음을 그때 실감했다. 여론조사에서 80퍼센트의 국민이 대통령 탄핵에 찬성했지만, 주말마다 광장 반대편에서 부도덕한 대통령을 옹호하는 세력이 언성을 높이며 국가의 상징인 태극기를 함부로 휘둘러도 그저 눈길을 돌려야만 했던 그때의 쓸쓸한 풍경이 아마도 쉽게 지워지지는 않을 것 같다.

온 국민의 눈길이 집중되었던 헌법재판소 건물은 지하 1층, 지상 5층, 1만 9,221제곱미터 규모다. 극적인 대칭과 비례를 맞춘 위압적인 형태, 끝없이 오르는 계단으로 주눅 들게 하는 대법원 청사나 여타 다른 '법의 공간'에 비해 권위적인 인상은 덜한 편이다. 사회적으로나 정치적으로 의미가 있는 건물이다 보니 지어진 해(1993년)

헌법재판소를 설계한 건축가 김희수는 기존에 지어진 권위적인 형태의 '법의 공간'이
주는 딱딱한 이미지 대신 쾌적한 시민공원의 느낌을 주고자 했다고 말했다.
대한민국 헌법재판소.

에 한국건축문화대상 대상을 수상하기도 했다.

"위압적인 계단 대신 정문을 통과하지 않고도 대강당에 들어갈 수 있도록 강당 입구를 따로 만들고, 청사 부지 내의 천연기념물 백송을 보존하기 위해 정원을 조성했다는 점, 대소 심판정과 강당은 수입목 대신 전국의 철거 고가옥 목재를 사용했다."

당시 설계자인 김희수 건축가는 기존에 지어진 권위적인 형태의 법원 건물들이 주는 딱딱한 이미지 대신 쾌적한 시민공원의 느낌을 주고자 했다고 말했다.

재동齋洞의 옛 이름은 잿골이라는데, 계유정난(1453년) 때 한명회韓明澮가 작성한 생사부에 따라 입궐하는 사람들을 죽여서 그때 흘러내린 피를 덮기 위해 재를 뿌렸다는 고사에서 유래하는 이름이다. 권력을 쥔 사람들의 생사여탈권을 좌우한 내력을 지닌 헌법재판소 터에는 조선 말기 좌의정을 지낸 박규수朴珪壽의 집이 있었고(1807~1877년), 이후 우리나라 최초의 서양식 종합병원인 광혜원廣惠院이 자리했다가(1885~1887년), 경기여자고등학교(1910~1945년)와 창덕여자고등학교(1949~1989년) 등이 머물기도 했다.

오래전 창덕여자고등학교가 있던 시절 우연히 찾아가 보았던, 지금은 헌법재판소 영역 내에 있는 600년 된 그 백송은 명성에 비해 생각보다 작았지만, 품위가 있었던 기억이 있다. 모두가 숨죽이며 기다리던 탄핵 선고의 날에 재판관 8명은 상식을 지닌 사람이라면 당연히 내려야 할 판결을 내렸고, 축제처럼 봄이 망설임 없이 우리에게 찾아왔다.

사람이 모이고 사람을 담다

광화문광장

하고픈 말을 품고 광장으로 나가다

2002년 한일 월드컵이 열리던 해 나는 경복궁 근처에서 살고 있었다. 시청 앞이 새빨간 티셔츠를 입은 군중으로 가득 찼다는 소식을 듣고 나가 보니 길은 이미 같은 옷을 차려입은 사람들로 바글거렸다. 세종문화회관 앞까지 나갔다가 도로를 가득 메우고 앉은 사람들을 보니 시청 앞까지는 너무나 먼 길인 데다, 그 가운데로 들어가면 도무지 나올 길이 보이지 않았다. 아이들을 데리고 그 무리에 섞일 엄두가 나지 않아 뒷걸음질해서 텔레비전 앞으로 돌아갔고,

창문 너머로 광화문 앞에서 노래하는 〈오 필승 코리아〉의 함성이 아련하게 들려왔다.

그 이전에도 이후에도 큰일이 있을 때마다 장소를 조금씩 달리하며 사람들은 모였다. 미선이와 효순이를 추모할 때도, 노무현 대통령이 탄핵될 때도, 광우병 파동 때도, 세월호 참사 때도, 박근혜-최순실 게이트 때도……. 지금은 온라인을 통한 소통이 일상화된 시대지만, 할 말이 마음에 가득 찬 사람들은 촛불을 들고 깃발을 들고 광장으로 나간다.

모두 알다시피 광장은 정치적인 장소이며 무척 오랜 역사를 가지고 있다. 서구의 민주주의는 광장에서 싹을 틔웠으며 광장에서 자라났다. 사람들이 모여서 의견을 나누고 편을 나누고 결정을 하는 하나의 시끄럽고 복잡한 과정이 민주주의의 전통이 되었다.

물론 우리가 속한 동양권의 문화와는 상당히 다르기는 하지만, 현대의 정치적·사회적 환경은 그런 광장에서 만들어진 제도와 시스템으로 굴러가고 있다. 그러다 보니 광장이라는 말 속에는 많은 피바람과 아우성이 들어 있다. 그러나 또한 많은 신바람이 들어 있기도 하다.

우리에게 광장은 과연 어떤 의미인가? 우리에게는 시청 앞 광장

서울 여의도광장에서는 반공대회가 있었고, 복음 성회가 있었고, 고등학생들의 열병식이 거행되기도 했다. 여의도광장에서 열린 '국풍81' 행사.

이 있었고 여의도광장이 있었다. 그리고 그 광장이야말로 가장 정치적인, 역설적으로 민주주의의 가장 반대편에 있는 정치적인 광장이었다. 이를테면 여의도광장, 한강이 보이는 광활하고 건조한 그 광장은 군사정권의 하나의 상징처럼 군림했다. 그곳에서 반공대회를 하기도 하고, 외국에서 온 유명한 전도사의 커다란 복음 성회가 이루어지기도 하고, 고등학생들이 교련복을 입고 줄을 맞추고 행군을 하는 열병식을 거행하기도 했다.

그 광장은 넓기만 넓고 어디 그늘 하나도 없는 곳이었다. 사실 그곳은 여의도 공항 자리였으며 비상시에는 활주로로 사용이 가능한 곳이었다. 원래 공항으로 사용하던 곳을 1960년대 후반 여의도를 상업 지역으로 바꾸고 아파트를 조성하고 국회의사당을 옮기는 계획을 시행하며, 당시 박정희 대통령이 유사시에 활주로로 활용할 수 있도록 놓아두라고 해서 광장이 된 것이다.

그리고 여의도공원으로 바뀌는데, 아직도 그곳에 가면 무언가 광활해 멀리서 아지랑이 같은 신기루가 보이는 것 같은 아득함이 느껴진다. "황혼을 좇아 네거리에 달음질치다 / 모자도 없이 광장廣場에 서다." 도시적인 시를 썼던 시인 김광균의 「광장」이라는 시의 마지막 연이다. 아마 저런 감성이리라 생각한다.

자율성만으로 채워지는 사람들의 마당

우리에게 광장은 약간은 썰렁하고 허전하고 소통이 되지 않는 그냥 빈 곳이라는 느낌이 굉장히 강하다. 서구에서 들어온 원래의 개념, 즉 광장이라는 넓고 시끄럽고 민주적인 공간이 우리에게 맞는 곳으로 거듭나기까지는 많은 시간이 필요했다.

서울광장이라 부르는 시청 앞 광장은 많은 변화가 있었다. 덕수궁과 시청 사이의 그 빈터는 사람들이 앉아서 쉬는 광장이었다가, 가운데 분수대가 있고 차들이 빙글빙글 도는 로터리형 차도로 되었다가, 2000년대 본격적인 광장이 되었다. 2003년 시행된 현상설계에서 시민들의 메시지를 띄울 수 있는 수백 대의 모니터가 깔리는 미래지향적인 '빛의 광장' 설계안(건축가 서현·인터씨티그룹)이 당선되었다.

"빛의 광장은 축제를 담고자 한다. 시민들의 감수성을 담고자 한다. 예를 들면 이렇다. 연말의 마지막 마디에 카운트다운이 시작되면 모니터의 화면이 하나씩 꺼져나간다. 광장은 침묵 속으로 사그라드는 것이다. 마지막 순간 광장 전체는 칠흑 같은 어둠으로 덮인다. 그리고 새해가 시작되는 그 순간 광장의 모든 모니터는 한꺼번에 점등된다. 빛의 광장은 순간 화려한 색채의 빛으로 가득해진다. 그리고 그때 보신각에서는 전통대로 종소리가 들려온다. 이것이 빛의 광장이 축제를 담는 방법이다. 이 현장에 동참했던 젊은이들이 훗날 기쁘게 이 현장을 반추할 수 있을 때 이 도시의 진정한 주인이 된다. 이때 이 광장은 빛의 광장을 넘어 우리의 광장이 된다." (건축가 서현)

지금은 일상화된 무선 네트워크가 낯설던 때 유리와 수천 대의 모니터로 뒤덮인 빛과 정보의 광장을 상상하기란 무척 어려운 일이었다. 설치와 공무원의 몰이해와 관련 대기업의 비협조를 견디며 건축가가 실행 방안을 궁리하던 와중에, 추진력 과다의 시장이 나타나 하루아침에 계획안은 뒤집혔다.

그곳은 모니터보다는 훨씬 '촉촉한' 타원형의 잔디 광장으로 거듭나게 되었다. 그 과정에서 빛의 광장을 지지하던 많은 관련자는 소외되고 당선안은 조용히 묻혔다. 물론 그 잔디 광장은 이제 시민의 품으로 돌아와서 많은 행사가 열리는 명소가 되었다.

그러나 아직까지는 관제의 물이 빠지지 못한 채 어색하기만 하다. 그곳에서 사람들은 공연을 하고 스케이트를 지치며 광장의 여유를 만끽하지만, 자연스럽기보다는 스포트라이트가 사방에서 비추는 무대 같다는 느낌을 준다.

미래지향적이며 우리의 정서와 맞는 광장은 무엇일까? 우리에게는 광장이 아닌 '장바닥'이 필요한 것인지도 모른다. 저절로 신명이 나고 남의 눈치 보지 않는 그런 장바닥의 왁자함, 어설픈 사용 허가를 구하지 않아도 되는 순수한 자율성만으로 채워지는 사람들의 마당 말이다.

지금은 너무나 자연스러워진 촛불집회의 시작을 거슬러 올라가면 미군 장갑차에 희생된 두 소녀를 추모하기 위한 자리가 있었다. 물론 처음 집회를 제안한 '앙마'라는 닉네임의 네티즌이 스스로 한 인터넷 매체에 기사를 써서 선동했다는 지적을 받으며 도덕성에 타격을 입기도 했지만, 그로 인해 뭐라도 하고 싶었던 사람들의 안타까움과 분노를 표현할 길이 열린 것까지 매도할 수는 없을 것이다.

초창기에 소규모로 촛불집회가 시작되었던 광화문 교보문고 후문 근처는 공교롭게도 조선시대에 부정부패를 행하던 탐관오리에 대한 징벌이 시행되거나, 백성들이 궁궐 밖으로 행차를 나서다 잠시 길을 멈추는 임금에게

광장은 넓고 시끄럽고 민주적인 공간이다. 그래서 신명이 나고 남의 눈치를 보지 않으며,
순수한 자율성만으로 채워지는 사람들의 마당이 되어야 한다.
2002년 한일 월드컵 당시의 서울광장.

억울한 일을 호소하던 '혜정교惠政橋'라는 다리가 있던 자리다. 역사는 돌고 돌아 늘 그 자리에 멈추는가 싶어 놀랍기도 하고 당연한 일인가 싶기도 하다.

무엇이 광장을 만드는가?

숭례문에서 서울시청을 지나 북악산으로 향하는 세종대로를 지나가다가 차 안에서나 횡단보도에서 잠시 멈출 때면 한복판에 수호신처럼 이순신 장군 동상으로 눈길이 향한다. 북악산을 등지고 늠름하게 선 그 자태는 너무나 익숙한 것이어서, 10여 년 전 동상 정비를 위해 장군이 잠시 벗어놓은 옷을 걸쳐둔 가림막을 쳐놓자 그 재치에 감탄하면서도 한편으로는 알 수 없는 상실감이 느껴질 정도였다.

그 뒤로 훨씬 큰 체구의 누런색 세종대왕이 앉아 자애롭게 우리를 품어 안아주지만, 너무 과한 스케일 때문에 포근하다기보다는 부담스러운 느낌이 든다. 세종대왕을 등지고 광화문 쪽으로 좀더 다가가면 광장이라고 이름 붙여놓고 굳이 심어놓은 이유를 알 수 없는 잔디밭이 나온다. 그리고 건너편 광화문을 지키고 선 해치를 보고 있자면 예전에 김승호라는 배우가 나오는 영화 〈마부〉(1961년)에서, 아들 역의 신영균이 사법고시에 붙고 눈이 오는 광화문으로 아버지를 찾으러 가던 장면도 문득 떠오른다. 복원된 지 벌써 꽤 시간이 흐른 경복궁 전각들의 지붕선 너머로 용의 얼굴 같은 형상의 북악산이 비껴 보고 있다.

서울시가 시민의 문화와 보행 공간을 마련하기 위해 울창한 은행나무가 있던 중앙분리대를 철거하고 총공사비 354억여 원을 들여 광화문광장(삼우 설계·서안 조경)을 만든 것이 2010년의 일이니 그것도 벌써 오래된 일이다.

"탁월한 조망과 역사성을 면면히 이어온 광화문 거리의 잠재력을 다시 살려내고, 흔들렸던 국가 중심축을 바로잡는 데 주안점을 두었다. 특히 전통 공간의 재현 및 복원은 조경에서 아주 중요했다. 광화문광장의 설계 모티브는 국가의 상징 축인 '북악산-정궁-황토현-연주대' 축의 복원, 월대 표현, 해치성 원위치, 육조거리 축 복원, 황토현 재해석, 중학천과 백운동천의 과거 물길 재해석 등이다. 이는 바로 우리의 정체성 회복이 시작됨을 의미한다." (조경설계 서안 신현돈 소장)

그 과정에서 16차선 도로는 10차선으로 줄어서 차가 밀려 도로가 막힌다고 난리가 났고, 양쪽 도로로 단절된 섬 같은 그 공간이 과연 광장이 맞느냐고 또 난리가 났고, '불투수층不透水層(지하수가 투과되기 어렵거나 투과되지 않는 지층)'을 잔뜩 만드는 바람에 진짜 물난리가 나서 투수 보도블록으로 바꾼다고 해서 다시 난리를 겪었던 광장.

무엇이든 자꾸 보다 보면 정이 든다는 것이 디자인 개념이었던지, 처음에는 '밉상'이었던 광화문광장은 세월이 지나며 조금씩 익숙해졌고, 세종로 거리를 지하도를 통하지 않고도 지상으로 건너다닐 수 있게 해준 것은 심지어 고맙기까지 한 일이었다.

아무리 우리에게 공간을 만들어주고 그 앞에서 마음껏 놀아보라고 해도, 마음이 가지 않으면 그 공간은 죽은 공간이다. 그냥 허울만 좋은 광장일 수밖에 없다. 광장은 울타리 안으로 모여드는 공간이 아니라 경계 없이 밖으로 한없이 뻗어가는 공간이기 때문이다.

2016년 박근혜-최순실 게이트가 일어났을 때, 아무렇게나 만들었다고 볼 수밖에 없었던 서울광장과 그 부여된 거창한 의미에 비해 결과물은 미심쩍었던 광화문광장인, 지극히 인위적인 광장이 사람의 광장으로 다시 태어나는 것을 목격했다. 아니 목격할 수밖에 없었다.

우리는 예외 없이 모두 나라를 걱정해야 하고 미래를 걱정해야 했

© 김용관

광장은 울타리 안으로 모여드는 공간이 아니라 경계 없이 밖으로 한없이 뻗어가는 공간이다. 2010년 서울시가 울창한 은행나무가 있던 중앙분리대를 철거하고 조성한 광화문광장.

다. 세상의 이목을 걱정하며 '창피해서 죽을 수도' 있는 상황이 되자, 사람들은 누가 부르지도 않았는데 집에서 걸어 나와 죽어 있는 너른 터에 영혼을 불어넣었다. 그리고 그곳은 진정한 광장이 되었다.

아무도 시킨 사람 없는 순수한 시민들의 자율적 의지와 에너지가 자동차로 가득했던 대로에서, 가게들이 늘어선 골목길에서, 지하철에서 오르는 계단에서, 또 마음속 뜨거운 어딘가에서 사람이 모이고 사람을 담는 하나의 거대한 물결이 굽이치는 그런 광장을 열었다(현재 광화문광장은 새로운 광장 조성을 위해 공사 중이며, 2022년 4월 개장할 예정이다).

싸우고 절충하고 타협하다

국회의사당

필리버스터로 진실을 알리다

몇 년 전부터 해외의 유명 영화배우들이 우리나라에 영화를 홍보하러 오는 발걸음이 잦다. 이것은 예전에는 생각도 할 수 없었던 일인데, 어떤 영화는 전 세계에서 가장 먼저 우리나라에서 상영해 반응을 보기도 한다고 한다. 인구가 그렇게 많은 나라도 아닌데 영화 시장이 무척 크기 때문이라니 격세지감을 느끼게 된다.

정작 나는 영화를 그리 많이 보지 않는 편이다. 언제부턴가 영화를 상영하는 시스템이 바뀌고 복합영화관이 생기며 그 환경에 아직도 적응하지 못하고 있는 것 같다. 물론 예전의 극장들이 지금보다 좋았는가 하면 그렇지도 않았는데, 아무래도 그것은 외적인 변화보다는 이전보다 조금 게을러진 탓이 아닐까 싶다.

내가 영화를 가장 많이 보았던 중학생 시절에는 당연히 지금처럼 영화 시장이 크지도 않았고, 영화 제작 환경이 좋았던 것도 아니고, 영화의 수준도 그리 높지 않았다. 오히려 한국 영화의 암흑기였던 시절이다. 다만 그때 나는 영화관에 앉아 있는 잠시의 일탈이 좋아서 틈만 나면 영화관에 쪼르르 달려갔다. 돈이 없으니 여러 가지 편법을 동원해서 동네의 동시상영관이나 재재개봉관을 전전하며 다양한 영화를 섭렵했다. 그리고 집에 돌아와서는 텔레비전에서 해주는 주말 영화 프로그램을 한 주도 빼지 않고 온 식구가 다 잠든 시간에 텅 빈 마루에 누워서 자다가 보다가 했다.

그때 알고 좋아하게 된 감독이 있는데, 이탈리아의 영화감독인 미켈란젤로 안토니오니Michelangelo Antonioni와 미국의 영화감독 프랭크 캐프라Frank Capra였다. 안토니오니는 나에게 무지막지한 졸음과 함께 무언가 지적인 갈급을 슬그머니 던져주었고, 캐프라는 나에게 즐거움과 행복감, 감동을 주었다. 그리고 그 둘을 아는 것이 나에게는 더없는 자부심이었다.

〈어느 날 밤에 생긴 일〉(1934년), 〈우리 집의 낙원〉(1938년), 〈포켓에 가득 찬 행복〉(1961년) 등 캐프라의 영화는 당시 최고의 영화배우들이 나오고, 모든 주인공은 늘 유머가 풍부하고, 행복한 결말로 끝난다. 나는 자정이 넘은 시간까지 감동을 같이 나눌 이도 없이 혼자서 텔레비전 앞을 지키며 그의 영화를 여러 번 보았다.

그중 하나가 〈스미스씨 워싱턴 가다〉(1939년)라는 영화다. 캐프라가 좋아하는 배우인 키가 꾸부정하게 크고 사람 좋게 생긴 제임스 스튜어트James Stewart가 어수룩한 초임 상원의원으로 나오는 영화였다.

소년단 지도자인 순진한 스미스는 그 지역 상원의원의 갑작스러운 죽음으로 생긴 빈자리에 임명된다. 그를 상원의원으로 임명한 주지사는 사실 악덕 개발업자 짐 테일러의 하수인이다. 어수룩한 스미스를 상원의원으로 앉히면 그들이 벌이고 있는 댐 개발 사업이 발각되지 않을 것이라 생각했기 때문이다.

그러나 스미스는 소년단 캠프의 야영지를 만드는 법안을 만들며 본의 아니게 댐 개발을 방해하게 된다. 그러자 놀란 개발업자 짐 테일러는 그에게 누명을 씌워 야영지 법안을 통해 소년단 회원들의 성금을 유용하고 그 주변의 땅을 불법 매입해 투기하려는 악당으로

미국 국회의사당은 전형적인 네오클래식 양식의 건물로 돔 아래 원형 홀은 대통령 취임식장으로 사용되며, 돔의 꼭대기에는 청동으로 만든 '자유의 여신상'이 세워져 있다.

무고를 한다.

스미스는 윤리위원회에 회부되어 제명이 되는 처지에 이른다. 억울하게 위기에 몰리자 스미스는 자신을 보호하고 진실을 밝히기 위해 '고의적 의사방해filibuster(의회 안에서 다수파의 독주를 막기 위해 이루어지는 합법적 의사진행 방해 행위)'를 시작한다. 그는 23시간이 넘게 자신의 의석에 서서 진실을 밝히고 자신을 변호하면서 미국의 헌법을 읽으며 버티다 쓰러지고, 그 모습을 지켜보던 동료 의원의 양심 고백으로 그의 누명은 결국 벗겨진다.

민의를 대변하고 권위를 세우다

미국은 세계 여러 나라 가운데 삼권분립이 가장 철저하게 지켜지는 나라로, 연방의회는 각 주마다 2명씩 임명되는 상원Senate 100명과 인구 비례로 선출되는 하원House of Representatives 435명으로 구성된다. 스미스는 그가 살고 있는 주의 두 번째 상원의원이 되어 워싱턴으로 향하는데, 영화에서는 주지사가 직접 임명하지만 지금은 선거를 통해 선출된다. 영화에서 스미스는 정치에 대해서는 문외

한이지만 신념이 굳은 인물로, 워싱턴에 도착하자마자 국회의사당을 비롯해 링컨 기념관 등 미국 건국의 기념비적인 건물들에 홀리듯 다가가 의원으로서 본분을 다짐하게 된다.

영화의 배경이 되는 미국 국회의사당은 1793년 9월에 착공해 1800년 11월에 완공된 전형적인 네오클래식 양식의 건물이다. 94미터 높이의 돔 아래 원형 홀은 대통령 취임식장으로 사용되며, 화려한 열주列柱를 뽐내며 양쪽으로 펼쳐진 날개 중 왼쪽 건물은 상원, 오른쪽 건물은 하원이 사용한다.

연면적 1만 4,000제곱미터에 실室은 431개나 되며, 돔의 꼭대기에는 청동으로 만든 '자유의 여신상'이 세워져 있다. 지금 새로 의사당을 짓는다면 저런 모습은 아니겠지만, 1776년 독립과 건국 직후 건립 당시의 미국 국민들에게는 저런 엄숙함과 상징성이 무척 절실했으리라 짐작된다.

그런 반면 대한민국의 국회의사당은 어떤가? 가령 음식을 만들 때 기본 재료가 들어가고 적당한 시기에 양념을 하며 마무리하게 되는데, 처음에 구상하고 기본 얼개를 만든 사람이 생각하는 맛이라는 게 있다. 그런데 마지막 양념을 넣는 단계에서 이런저런 간섭꾼이 들어와서, 짜다 싱겁다 하며 훈수를 넣기 시작하면 결과는 뻔

하다. 그야말로 '죽도 밥도 아닌' 것이 되어버린다.

음식뿐만 아니라 세상일이 다 그렇다. 처음에 정한 방향으로 일로매진하며 내용을 보충해도 잘될지 모르는데, 훈수꾼의 다양한 요구를 수용하다 보면 실패하기가 쉽다. 건축 또한 그런 세상의 법칙에서 벗어나지 않는다.

여의도 국회의사당은 그 대표적인 사례다. 이 건물은 모든 국민이 인정하는 '국민 밉상'이다. 형식이 내용을 지배해서일까? 그 안에서 일을 하는 국회의원들 또한, 멀쩡한 사람도 그 안에만 들어가면 이상해진다고 이야기한다. 형식과 내용이 모두 좀 이상하다. 국회의사당이 지금의 모습을 갖게 된 것은 이 사람 저 사람의 간섭이 건축에 반영된 결과다. 말하자면 잘생긴 배우들의 장점만 본떠서 코는 누구, 입은 누구 하는 식으로 이종교배를 한 결과 괴상한 얼굴을 만든 것과 같다.

국회의사당이 여의도에 자리를 잡기까지 많은 역사가 있었다. 애초 제1공화국 시절인 1958년 남산(일제강점기 조선신궁 터, 현재 남산 식물원 자리)에 국회의사당을 짓는 계획이 있었다. 당시 일본 도쿄에서 공부하고 있던 신예 건축가였던 김수근과 박춘명 등이 합작으로 제출한 현상설계안이 당선되어 건립이 추진되었다.

© 김용관

대한민국 최초의 국회의사당인 부민관은 1935년 강연회나 공연장으로 지어진 건물로 한때는 국립극장과 시민회관으로 불렸다. 현재는 서울시의회 의사당으로 사용되고 있다.

국회의사당과 24층에 130미터 높이의 의원회관은 당시 국내에서 가장 높은 규모였고, 한국 현대건축의 대표 건축가 김수근의 데뷔작이 될 수도 있었다. 그러나 1961년 갑작스럽게 정치 주도 세력의 변경으로 계획은 취소되고, 지금은 서울시의회의 의사당으로 쓰는 태평로 부민관府民館에서 국회가 열리고 닫혔다.

대한민국 최초의 국회의사당 건물인 부민관은 한때는 국립극장이었고, 한때는 시민회관으로 불렸다. 연면적 약 7,097제곱미터 규모의 이 건물은 1935년에 지어진 것으로, 당시 경성부가 강연회나 연극·영화·음악·무용 등을 공연할 대규모 공연장을 만들고자 경성전기주식회사에서 100만 원을 기부받아 지은 것이다.

해방 후 미군정이 임시로 사용하다 1950년 국립극장으로 지정되었고, 6·25전쟁으로 국립극단이 피란지 대구로 이전하자 서울 수복 뒤 1954년 6월, 제3대 국회부터 국회의사당으로 사용되었다. 또한 1975년 국회가 여의도의 새 의사당으로 이사 간 후에는 세종문화회관 별관으로 사용되다가 1991년부터 서울시의회 건물로 사용되고 있다.

민주주의는 시끄럽고 비효율적인 것이다

1969년 7월 17일에 착공한 여의도 국회의사당은 6년 동안의 공사 기간을 걸쳐 1975년 8월 15일 완공된다. 33만 제곱미터 부지에 8만 1,444제곱미터 규모로 지어졌고 공사비는 135억 원이 들었다. 설계는 김정수·안영배·이광노 등이, 시공은 현대건설과 대림건설이 맡았다.

1960년대가 저물고 새로운 시대를 만들겠다며 다양한 정치개혁을 꿈꾸던 제3공화국 정권은 1968년 여의도 개발계획을 진행하며 새로운 국회의사당 건립을 위한 공모전을 실시한다. 통상적인 공모전과 달리 일반 공모와 지명 공모로 나뉘어, 일반 공모를 통해 선정된 건축가가 지명된 원로와 공동 설계팀을 꾸려 진행하는 방식이었다. 애초의 설계안은 5층 규모로, 안정적인 수평성과 비례감이 강조되는 당당한 모던 스타일의 건물이었다.

그런데 거기에 돔을 얹어야 한다는 의견이 나왔다. 해외의 사례를 둘러본 의원들이 제시한 것으로, 서양의 의사당처럼 당당하게 돔이 있어야 더욱 권위가 있어 보이지 않느냐는 것이었다. 기존의 설계안에 갑자기 돔을 얹는다는 것이 얼마나 우스꽝스럽고 위험한 일인지에 대해서는 조금도 고려하지 않았다. 동양 최대여야 하고 권위가 살아야 하고 등등…….

알찬 내용이나 형식의 아름다움이나 역사적인 의미에 대한 배려는 사라지고, 졸부의 거실에 들여놓은 번쩍거리는 가구처럼 외부인에게 얼마나 커 보이고 권위적으로 보여야 하는지가 우선이었다. 거기에 정부 청사(구舊 중앙청, 1995년 철거)보다 높아야 한다는 박정희 대통령의 의견이 들어가며 갑자기 7층이 되면서 건물의 비례도 깨진다.

누구의 생각도 아니고 누구의 설계도 아니게 되어버린 이상한 국회의사당은 그렇게 지어지고, 그렇게 내용을 만들어가게 된다. 소통의 장이 아닌 불통의 장이 되어버린 국회의사당은 태생부터 불통과 과시의 장이었다. 그런 장소에서 일어나는 일이 불통과 다툼이 되는 것은 어쩌면 당연한 일인지도 모른다.

또한 우리 국회는 1년 동안 휴가 기간을 빼고 매일 열리는 미국이나 영국 등의 의회와는 달리 정기회·임시회의 회기로 열린다. 유신헌법 시절 1년 중 최고 150일까지만 열릴 수 있다고 규정했다가, 지금은 연간 회기 일수 제한이 폐지되기는 했지만, 제16대 국회는 본회의가 한 차례도 열리지 않고 임시국회가 다섯 차례나 있었다고

여의도 국회의사당은 설계 당시 정치인들의 압력에 의해 돔을 올리고
층수도 높여 원래의 수평성과 비례감을 상실했다.

한다.

그런 국회의사당에서 2016년 2월 그동안 보기 힘들었던 일, 바로 필리버스터가 벌어졌다. 정부와 당시 여당인 새누리당(현재 국민의힘)이 추진하는 '테러방지법'이라는 법령의 제정에 항의하며 야당 국회의원들이 무기한 의사방해에 돌입했고, 혼자서 여러 시간, 심지어 10시간을 넘기며 발언한 사람도 여럿 있었다.

국회의장에 의해 직권상정된 법령에 대해 의원들이 각자 의견을 밝히고 부당성을 성토하며 192시간 동안 진행된 필리버스터는 결국 법안 상정을 막지는 못했지만 세계 최장 시간 필리버스터라는 기록을 세웠다(그 이후 몇 차례 국회에서 필리버스터가 진행되었다).

1969년 신민당 박한상 의원이 3선 개헌을 막기 위해 10시간 15분 동안 발언했던 이후 47년 만에 부활한 필리버스터의 현장은 국회TV를 통해 실시간으로 중계되었다. 많은 사람이 국회의원들을 열린 경로를 통해 직접 만날 수 있었고 생생하게 그들의 이야기를 들을 수 있었다. 어떤 국회의원은 "민주주의는 시끄러운 것이고 비효율적인 것이고 싸우는 것이다. 그러나 정의롭다"고 이야기하기도 했다.

국회는 그런 곳이다. 민의를 대변하는 곳이고 이해가 다른 계층이 충돌하는 곳이다. 그런 의견의 당사자들이나 계층이 직접 부딪치는 곳이 아니고, 국회의원이라는 대리인을 통해 충돌하고 타협하는 곳이다. 다시 말해 싸우는 곳이고, 싸우다 서로 절충하고, 타협하는 곳이다.

자본주의의 첨병에 서다

캠퍼스

지성의 열매를 구하는 들판

흔히 대학의 교정을 이야기할 때 쓰는 영어 단어 '캠퍼스Campus'는 라틴어로 들판을 뜻하는 '캄푸스Campus'에서 나왔다. 우승자를 일컫는 '챔피언Champion'이라는 단어도 '캄푸스'에서 나왔다. '들판에서 싸우는 자'를 뜻한다고 한다. 그 말이 대학 혹은 연구소의 시설과 경계를 통틀어 부르는 의미로 변환되고, 어느덧 구글이나 애플과 같이 창의적인 작업 환경을 추구하는 회사들이 자신들의 사옥을 칭할 때 사용하는 이름이 되면서 그 의미가 더욱 확장되고 있다. 캠퍼스의 어원이 경작이나 수렵 등으로 인간에게 생존을 보장해주는 들판이라는 점에서, 어찌 보면 의미상에서는 더욱 합당한 것이 아닐까 하는 생각이 들기도 한다.

그러나 우리에게 캠퍼스라는 일반명사가 쌓아놓은 이미지는 대체로 대학의 낭만적이고 고즈넉한 장면으로 떠오른다. 잔디와 나무 그늘과 그 안에서 하는 독서, 그리고 진지하지만 젊은이 특유의 약간 설익고 열없는 토론 등과 같은…….

지금은 실체는 사라지고 이름만 남은 대학로에는 '대학'이 있었다. 서울대학교 동숭동 캠퍼스가 거기 있었다. 원래 1924년 일본 정부가 설립한 경성제국대학이 이곳에서 출발했다. 처음에는 일제의 식민 통치에 효과적으로 이용할 수 있는 법문학부·의학부만 설치했다가 1926년 식민지 조선 최초의 종합대학이 되었다. 1931년 본부 건물을 준공했으며, 8·15광복 이후 경성대학으로 교명이 바뀌었다가 1946년 국립서울대학교가 설립되면서 통합되었다.

지금 대학로를 남북으로 가로지르는 큰길은 옛 동숭동 서울대학교 캠퍼스를 반으로 가르는 개천과 옆으로 나 있던 길을 합한 것이다. 그 개천을 당시의 서울대학교 학생들은 '세느강'이라고 불렀다고 한다. 나는 수유리에서 6번이나 9번 버스를 타고 돈암동에서 혜

서울 동숭동에 있었던 옛 서울대학교 본관은 일제강점기 경성제국대학 시절부터 쓴 건물이다. 처음에는 법문학부·의학부만 설치했다가 1926년 조선 최초의 종합대학이 되었다.

화동을 거쳐 연지동·오장동 쪽으로 가며 늘 그 안을 가로질렀다.

가끔 어둑어둑한 밤에 그 앞을 지날 때 개천 옆에 카바이드 불을 밝힌 리어카 노점상이 있었고, 그 주변에 젊은 사람들이 웅성웅성 모여 있었던 모습이 생각난다. 캠퍼스 내부인 동시에 차가 다니는 일반 도로. 나는 '클라인 병Klein's bottle'처럼 경계가 모호한 그곳을 대학인지도 모르고 다녔고, 그 후로 세월이 많이 지난 다음에야 알았다. 그때 기껏해야 초등학교 학생이었으니…….

그런데 생각해보면 외국의 역사가 깊은 대학들은 도시 전체를 캠퍼스로 구성해 대학의 경계가 모호하고 광범위하다. 어찌 보면 그때의 서울대학교 캠퍼스는 대학의 향기가 주변과 격리되지 않고 도시를 좋은 색으로 물들일 수 있다는 점에서 적절했고 긍정적이었다는 생각이 든다.

그러나 정권의 연장과 체제의 수호에 눈이 어두웠던 군사정권은 대놓고 정권을 비판하는 '시대의 양심'들을 서울의 한가운데 남겨놓는 것이 부담스러웠던가 보다. 그 외에도 여러 가지 명분과 이유로 서울대학교는 1975년 당시로는 멀고 먼 관악산 기슭으로 이전·격리되었다.

지구가 시속 1,600킬로미터로 돌고 있는데도 미처 우리가 모르는 것처럼 사회가 아주 빠르게, 그러나 느껴질 수 없는 속도로 변하면서 대학들도 그 속도를 맞추느라 그러는지 변하고 있다. 그래서 하는 일들이 대학에 소비문화를 수용하는 일이다. 커피숍, 빵집, 헬스클럽 등이 학교의 한가운데 예전에 독수리상 혹은 호랑이상이 있듯이 상징으로 서 있다. 언제부턴가 우리가 아는 정서적이거나, 약간은 우둔하거나, 혹은 완고한 학교의 건축이 하나씩 사라지고 그 자리에 빼어난 각선미와 우뚝 솟은 코를 한껏 뽐내는, 어딘가 인공감미료의 내음이 물씬 풍기는 건물들이 들어서기 시작했다.

낭만이 사라진 캠퍼스

하길종 감독의 〈바보들의 행진〉(1975년)이라는 영화가 있다. 소설가 최인호가 『스포츠신문』에 연재했던, 무어라 장르를 구분하기 모호한 소설이 원작이었다. 어찌 보면 소설가 조흔파의 당대 히트작 『얄개전』의 대학 버전 같기도 하고, 대학생다운 치기 어리고 엉뚱한 상상력과 당시 군사정권 치하에서 살아남은 자의 슬픔 같은 깊은 페이소스가 짙고도 강하게 배어 있는 참 모호하면서도 즐겁고 낭만적인 소설이었다.

〈바보들의 행진〉은 미국에서 영화를 공부하고 갓 돌아온, 당시에 드문 유학파인 '배운 감독' 하길종이 만들었다. 그는 작품성 짙은 영화가 흥행에 실패하자 '맘 먹고' 이 영화를 내놓았다. 그리고 15만 관객을 동원해 그 당시로는 상당한 성공을 거두었다.

지금도 사정이 별반 다른 것은 아니지만 당시 중학생과 고등학생의 꿈은 대통령도 아니고 재벌도 아니고 대학생이 되는 것이었다. 대학생이란 입시의 압박에서 일단 벗어나 느지막이 일어나서 드문드문 학교에 나가고, 단체로 미팅을 하고, 생맥주를 마시고, 담배를 꼬나물고, 눈물을 찔끔 흘리며 기타를 치고, 머리를 치렁치렁 기르고, 청바지를 땅에 질질 끌면서, 한 손에는 테니스 가방을 들고, 한 손에는『갈매기의 꿈』을 들고 다니는 명분 충만한 백수의 모습과 그러면서도 사회의 부조리와 불의에 당당하게 항의하는 의로움과 낭만의 결정체였기 때문이다.

당시 중학생이었던 나는 하라는 공부는 안 하고 그 시절의 '뉴 트렌드'를 선도하는 최인호의 야릇한 소설을 열심히 읽었고, 하길종의 유쾌하면서도 슬픈 영화를 몇 번이나 보았다. 그 배경은 연세대학교 캠퍼스였다. 먼지가 연무처럼 폴폴 날리는 강의실과 무성한 나무와 잔디와 널찍한 돌계단과 청명한 하늘은 무척이나 동경의 대상이었다.

나 역시 무엇이 될 것인지보다 그저 대학에, 아니 캠퍼스 안으로 들어가는 게 꿈이었고, 캠퍼스에 벌렁 누워 구름이 흘러가는 하늘을 보는 게 소원이었다. 그때 마침 연세대학교에 다니던 누이가 가져오는 여러 종류의 교지와 학교 신문을 열심히 보기도 했다. 그 내용을 보는 것이 아니라 그 안에서 행인의 뒤통수처럼 살짝살짝 비치는 캠퍼스의 조각들을 보는 것이었다.

어느 날 미술 시간에 비누 조각 숙제가 나왔다. 보통은 사람의 얼굴이나 주먹 쥔 손을 만드는 게 일반적이었는데, 나는 번번이 실패를 거듭하며 여러 개의 빨랫비누를 망쳐놓아 집에서 온갖 구박을 받다가 '이래서는 안 되겠다'고 생각해 다른 대상을 찾아보았다. 그러던 중 갑자기 얼마 전에 보았던 연세대학교 교지가 생각났다. 넘기다 보니 오래된 돌 건물들은 장식이나 지붕의 모양이 재현해내기 무척 힘들어 보였고, 그중 한 건물이 평지붕에 단순하고도 단정한 표정이라서 '그래, 이거다' 싶어 무릎을 치며 그 건물을 조각해보기로 했다.

그런데 웬일인지, 아니면 운명적인 어떤 힘이 있었는지, 초등학

중학생과 고등학생은 사회의 부조리와 불의에 당당하게 항의하는 의로움과 낭만의
결정체였던 대학생이 되는 것이 꿈이었다. 6개 층으로 이루어진 이화캠퍼스복합단지.

교 3학년 때 공예품을 만들다 선생님에게 망신을 당한 이후 미술 시간에 이루어지는 어떤 창작도 하위 10퍼센트의 벽을 넘지 못하던 내게, 그 건물의 조각은 이상하게도 재미있었다. 빠른 시간에 만족할 만한 성과를 거두었고, 미술 시간에 최초로 칭찬까지 받았다. 그리고 집으로 의기양양하게 들고 왔지만, 며칠 후 우리 집 빨래에 거품을 안겨주며 장렬히 사라졌다.

10여 년 전 연세대학교에 특강을 하러 갔다가 어떤 건물이 철거될 위기라는 이야기를 들었다. 어떤 역사가 있고 어떤 의미가 있고 어떤 자리이며……. '그래, 요즘의 대학들이 다 그렇지'라는 생각이나 하면서 한참 귀를 기울였다. 그런데 저녁을 먹으러 캠퍼스를 따라 내려오다, 이 건물이라며 가르쳐준 그곳이 바로 내가 1974년에 비누 조각을 했던 바로 그 건물이었다.

내 비누 조각처럼 거품을 일으키며 사라진다는 그 건물인 '용재관庸齋館'은 동문의 성금으로 어렵게 지어진 의미 있는 건물이었다. 오랜 시간 연세대학교의 상징인 백양로의 한 부분을 담아주었는데, 강의 공간이 부족하다는 이유로 그 자리에 거대한 현대식 건물을 짓기 위한 철거 계획이 세워졌다고 한다(용재관은 2013년 1월에 철거되었고, 그 자리에 2015년 9월 경영관이 들어섰다).

ⓒ 김용관

연대감과 자부심의 공간

내가 다녔던 홍익대학교는 무척 작은 학교다. 터도 좁은 데다가 산이 바짝 붙어 있어 어디 한군데 너른 구석이 없는 곳이다. 그러나 내가 홍익대학교에 들어가게 된 여러 가지 이유 중 가장 으뜸은 캠퍼스가 좋아서였다. 그 캠퍼스는 정확히는 홍익대학교 교내가 아니라 그 주변의 동네를 아우르는 영역이었다.

나는 홍익대학교가 보이는 서교동 주변의 고즈넉한 분위기와 어딘지 예술적인 분위기에 반했던 것이다. 입학원서를 내기 위해 처음 학교 안으로 들어갔을 때 가장 인상적이었던 것은 아주 작지만 역시 고즈넉하고 군데군데 심드렁하게 널려 있는 다양한 '현재진행형' 예술 창작 조각들과 그것을 만드는 사람들이었다.

그때는 물론 지금보다 단과대학이 적었고 당연히 사람도 적었으며, 덩달아 건물들이 이루는 밀도도 훨씬 넉넉했다. 그리고 교문을 들어서자마자 나오는, 언덕을 절반 정도 오르는 동안 계속 이어지는 하얀 벽에 부조로 파놓은 사람들의 군상이 무척 멋있었다. 다양한 자세와 표정으로 서 있었던 그 사람들의 수가 몇 명인지 궁금해서 올라갈 때마다 세기 시작했지만, 중간에 잊어버리거나 아는 사

람을 만나는 바람에 중단해 끝까지 제대로 세어본 적이 없었다.

그런데 『동아일보』(1970년 6월 5일)에 실린 옛 기사를 찾아보고 120명이라는 것을 알았다. 그것은 홍익대학교 교수의 작품이었다. "기도하는 사람, 칼을 든 사람, 승리의 월계관을 든 사람 등 120명의 남녀상이 새겨져 있던 길이 22미터, 높이 2.4미터의 이 거대한 부각浮刻은 '조국의 투쟁사'로서, 구한말부터 4·19까지 밖으로 또는 안으로 향한 민족의 저항사를 형상화해 역사를 인식하게 해주는 촉매이자 학교의 상징이었다." 그 '상징'을 없앤 자리에 지어진 홍문관은 2002년 12월 착공해 1,000억 원의 예산을 들인 지하 6층, 지상 16층의 타워형 건물이다. 당시 국내 대학 건물 중 단일 건물로는 최대 규모라고 했다.

어느 날부터 대학이 정문 근처에 바리케이드를 치고 주차 요금을 징수하면서부터, 대학 캠퍼스에 거대한 건물들이 들어서기 시작했다. 서로 경쟁이라도 하듯이, 혹은 기존의 캠퍼스가 가지고 있는 스케일을 파괴하며 큰 건물들이 들어서고, 그 안은 카페나 극장 같은 다양한 형태의 소비문화의 첨병들로 채워졌다. 고려대학교에는 '타이거 플라자'와 '하나스퀘어' 등이 지어졌고, 이화여자대학교에도 6만 6,000여 제곱미터, 6개 층으로 이루어진 이화캠퍼스복합단지

어느 날부터 대학이 서로 경쟁이라도 하듯이, 큰 건물들이 들어서고 그 안은 카페나 극장 같은 다양한 형태의 소비문화의 첨병들로 채워졌다. 국내 대학 건물 중 단일 건물로는 최대 규모인 홍익대학교 홍문관.

Ewha Campus Complex, ECC가 있다.

ECC는 정문 쪽에 있던 철도가 복개되면서 지면 높이가 올라가게 된 것을 계기로, 기존에 이화광장과 운동장이 있던 터를 이용한 지하캠퍼스로 계획되었다. 정문에서 본관까지 이어지는 폭 25미터, 길이 250미터의 '밸리' 양측으로 6개 층의 독서실, 세미나실, 강의실 등이 매달려 있다. 거기에 각종 편의시설, 심지어 영화관 등 수많은 용도를 가진 공간을 넣었다. 그리고 땅속에 있는 열을 에너지원으로 이용하는 지열 시스템을 도입해서 활용하고 있다. 관목과 잔디밭이 부각된 옥상정원은 아늑했던 예전에 비해 너무 넓어 보이고 '계곡'은 너무 깊어서, 그 축의 끝에 놓인 크지 않아도 단아한 기품이 있었던 본관(1935년 완공)은 잘못 놓인 인형의 집처럼 머쓱해졌다.

어떤 지진 혹은 태풍의 전조처럼 그런 일들이 벌어지며 지성의 열매를 구하던 들판은 자본의 열매를 맛보는 들판으로 변질되었다. 캠퍼스에서 더는 낭만이나 순수는 기대하지도 말라는 선언 같기도 하다. 대학들이 학생들의 편의를 핑계로 교육이라는 본질에서 벗어난 캠퍼스의 팽창과 수익 사업에 몰두하는 사이, 학생들 또한 대학을 학문의 전당이 아닌 '스펙 쌓기'의 배경쯤으로 생각하게 되었다. 서로를 위한다면서 서로 단절되고 소외되고 있는 것이다.

대학이라는 공간은, 캠퍼스라는 공간만큼은 아무리 자본주의가 첨예해지더라도 다른 어디서도 얻을 수 없는 연대감과 자부심, 정서적인 위안을 얻을 수 있는 공간이어야 하지 않을까? 그것이 우리가 본질적으로는 교육의 공간인 '캠퍼스'에서 최후의 보루로 지켜야 할 가치이기도 하다.

제2장

시간을 담다
기억의 공간

전쟁의 기억을 간직하다

철원 노동당사

덕후와 서태지

세상이 달라지기는 달라진 것 같다. 요즘은 팬들이 스타를 키운다. 굿즈를 사주고 순위를 올려주는 등 일종의 지분을 갖고 후원을 하니 틀린 말은 아니다. 그러나 스타들이 가진 뛰어난 재능과 완성된 작업에 자연스레 끌려들어가던 예전의 기억이 있는 사람들에게는 조금 낯선 일이다. 우리를 매혹시키는 무언가에 갑자기 빠져들어 깊이 좋아하는 것을 요즘식의 표현을 빌리자면 '덕질'을 한다고 하는데, 아는 사람은 알겠지만 특정한 분야에 열중하는 사람을 이르는 말인 일본어의 '오타쿠otaku, 御宅'를 오덕이나 덕후라고 줄여 부르다가 '덕'이 된 것이다.

이제는 예전처럼 낮추어보는 의미의 단어가 아닌 일상용어로 자리를 잡았는데, 좋아하는 대상도 만화나 게임이나 연예인에서 심지어 군대('밀리터리 덕후'라고 해서 밀덕)까지 분야를 가리지 않고 덕질을 하는 사람이 많아졌다.

나 또한 오랜 시간 누군가의 팬이었고, 마니아였고, 덕후였다. 오랫동안 나는 '그'의 경쾌하면서도 강력한 멜로디에서, 혹은 시의적절하게 마음을 꿰뚫는 가사에서 희망을 발견하고 위안을 얻었다. '그'의 오랜 부재에 들을 음악이 없다며 불평을 했고 돌아오면 감질나는 활동에 짜증을 내기도 했다. '그'는 데뷔 30주년을 앞둔 서태지라는 뮤지션이다.

4집까지의 음반을 내며 문화대통령 칭호까지 듣던 '서태지와 아이들'이 은퇴한 것은 1996년 1월이었으니 벌써 25년 전의 일이다. 창작의 고통을 고백하며 자신이 뒤집어놓은 대중음악 판에서 떠나갔다가 다시 솔로 음반을 내기까지 2년이 넘는 시간이 걸렸다. 서태지는 자신이 처음 음악을 시작한 그 지점, 록 음악을 기반으로 한 다양한 시도를 들고서 늙지 않는 소년 같은 모습으로 몇 년에 한 번

ⓒ 연합뉴스

서태지는 기존 가요에서 다루지 않던 주제들을 들고 나오면서 청소년들뿐만 아니라 수많은 어른에게도 강렬한 인상을 주었다. 1994년 8월 서울 잠실 올림픽 체조경기장에서 열린 서태지와 아이들 3집 발매 기념 콘서트.

씩 우리 곁에 돌아온다.

그에게 쏟아지는 수많은 기대가 있었다. 통일(〈발해를 꿈꾸며〉)이나 교육(〈교실 이데아〉), 청소년 가출(〈컴백 홈〉) 등 기존 가요에서 깊이 다루지 않던 주제들을 들고 나온 20세 남짓한 청년의 패기는 주된 팬층이었던 청소년들뿐만 아니라 수많은 어른에게도 무척 강렬했다. 김대중 대통령이 서태지에게 호감을 갖고 있다가 컴백한 그와 만났던 일화는 유명하다. "그대는 방 한구석에 앉아 쉽게 인생을 얘기하려 한다"(〈환상 속의 그대〉)거나 "정직한 사람들의 시대는 갔어, 모두를 뒤집어 새로운 세상이 오기를 바라네"(〈시대유감〉)라는 가사는 불의가 있다면 순응하기보다는 저항하고 이겨내야 한다는 거부할 수 없는 속삭임이기도 했다.

신해철이 "자신은 고뇌하는 비겁자이며 서태지는 거침없는 낙오자"라고 평한 적이 있다. 그러나 서태지는 동시대인들이 자신에게 거는 기대에 대해 자신은 단지 '음악인'일 뿐이라고 선을 그었고, 그것이 한편으로 그를 시대적 동지로 여겼던 사람들에게는 일종의 상실감을 안기기도 했다.

어찌 보면 그는 그 시대의 요구에 저절로 반응하는 축복받은 감성을 지녔던 것이다. 1990년대에는 발랄한 사랑과 즐거운 저항이,

2000년대 초반에는 인터넷을 비롯한 문화의 다양성에 대한 애정과 비판이, 21세기에 들어선 후에는 이즈음의 화두, 환경과 생명에 관한 것이 자연스럽게 또 그의 주제가 되었다.

모든 것은 모든 것에 맞닿아 있다

내가 가본 서태지의 공연 중 기억에 오래 남는 것은 처음으로 록 페스티벌의 헤드라이너head liner(공연에서 가장 기대되거나 주목받는 출연자)로 서서 4만여 관중을 불러 모으며 건재함을 알린 '2015 인천 펜타포트 록 페스티벌'과 서울 용산 전쟁기념관에서 열렸던 '뫼비우스'라는 이름의 '2009 서태지 라이브 투어' 첫 공연이다.

뫼비우스의 띠는 안과 밖의 구별이 없는, 시작하는 지점으로 어느새 되돌아오는 형상이다. 이름부터 아이로니컬한 전쟁에 대한 추모나 증오도 아닌 기념을 위해 지어진 권위적 건물은 공연 주제가 상징하듯 미래가 과거가 되고, 과거와 미래가 맞닿은 그 교묘한 역설과 어울리는 공간이었다.

처음에 무대는 생각보다 평범해 보였다. 그런데 오프닝 공연이 끝나고 본무대가 시작되려 하자, 무대 사이드에 있던 세로로 긴 패널들이 버티컬 블라인드의 움직임처럼 스르륵 90도로 회전해 정면으로 나와 정렬하며 무대를 가렸다. 그 패널 뒤로 무대 조명의 프레임들이 인사를 하듯 아래로 꺾어지고 패널들은 다시 무대 뒤로 물러나더니 이번에는 스크린이 되었다.

최고의 테크놀로지를 도입해 입체적으로 움직이는 무대를 배경으로 영혼을 울리는 듯한 강한 비트의 음악, 의자에 앉은 채로 객석 위로 날아올라 360도 회전하는 연출, 화려한 불꽃놀이와 친숙한 멘트들이 이어졌다. 1집부터 4집 사이의 노래들은 새롭게 편곡되었고, 8집에 이어 새로 정규 음반에 들어갈 노래 두 곡이 발표되었다. 그중 '복제'라는 의미의 〈레플리카〉는 서로 닮고자 하는 현대의 인간상들을 비판한 노래로, 2000년에 이미 발표한 〈인터넷 전쟁〉의 연작처럼 느껴졌다.

서태지를 아는 사람의 절반은 4집까지의 '서태지와 아이들' 시절을 기억하고, 절반은 컴백 후 로커로서 활동한 5집 이후에 열광한다. 그는 하드코어 계열의 강렬한 6집을 발표한 2000년 이후 본격적으로 밴드와 함께 활동을 시작했는데, 2004년에 발표한 7집이 낙태나 스토커, 음악 비즈니스 등의 문제와 개인 내면의 자아 등을 주

서태지는 낙태, 스토커, 음악 비즈니스 등의 문제와 개인 내면의 자아 등을 주제로 노래를 발표했다. 서태지와 아이들의 〈발해를 꿈꾸며〉 뮤직비디오를 촬영했던 강원도 철원 노동당사.

제로 했다. 그리고 2008년에 발표한 8집은 충남 보령의 미스터리 서클과 코엑스 UFO, 이스터섬에서 촬영한 모아이 뮤직비디오 등 압도적인 스케일의 프로모션을 통해 미지의 세계에 대한 여행처럼 다가왔다.

그가 은퇴 후 발표했던 5집 《TAKE》의 뮤직비디오에서도 우주에서 귀환하는 내용이 있었는데, 우주 혹은 미지의 세계에 대한 그의 깊은 관심과 애정이 느껴지는 대목이었다. 한편으로는 자신에 대해 빈번히 지칭되는 '신비주의'라는 타이틀에 대한 직접적인 패러디로 보이기도 했다.

그런데 노래를 들어보면 그의 관심은 거대한 것뿐만 아니라 미세한 것에도 치밀하게 계산되어 있었다. 물방울 소리로 시작되는 모아이, 8집을 구성하는 두 개의 싱글 타이틀 'atomos', 'secret'과 콘서트 주제였던 'symphony', 'worm hole', 그리고 '뫼비우스'까지, 극한으로 음을 쪼개어 보았다는 'nature pound'를 기반으로 섬세하면서도 웅장하게 거대한 하나의 스토리가 완성되어간다.

이스터섬의 고대의 자연과 먼 우주의 비행체라는 시간과 공간의 역설, 버뮤다라는 신비한 공간과 인간의 가장 원초적인 성애를 연관시킨 역설, 휴먼 드림의 경쾌한 음 속에 숨겨진 인간과 로봇의,

정신과 육체의 역설, 이런 에피소드 속에서 우리가 알고 있는 가장 작은 세계(인간)와 모르고 있는 가장 큰 세계(우주)가 충돌한다.

지구라는 공간과 현재의 시간, 그 모든 것을 아우르며 그는 결국 '존재'하는 모든 것에 대해 이야기를 하고 싶었던 것이 아니었나 하는 생각이 든다. 존재의 방식은 다양하다. 그리고 그 존재들이 어떤 인식을 갖고 있는지에 따라 세상은 그토록 다채롭거나 끝없이 단순할 것이다. 혹은 아주 가혹하거나 따뜻할 것이다. 모든 것은 모든 것에 맞닿아 있다.

갈라진 세계와 끊어진 기억을 잇는 시간의 터널

1994년은 서태지와 아이들의 3집 《발해를 꿈꾸며》가 나온 해다. 그리고 기록적으로 더웠던 해다. 그해 여름 도피안사를 답사하기 위해 강원도 철원에 갔다가 고석정도 보고 노동당사도 들렀던 적이 있다.

철원은 삼팔선 이북에 있는 지역으로 6·25전쟁 전에는 북한이었다가 전쟁 후 남한에 편입된 지역이며, 북한과는 경계를 접하고 있기 때문에 일반인들의 접근이 통제되는 구역이 많은 곳이다. 그곳에는 달의 우물이라는 동네가 있다. 내가 아는 분이 그곳 출신인데, 그 동네에 일가친척이 다 모여 살고 있었다고 한다. 그러다 6·25전쟁 때 갑자기 군인들이 잠깐 피란 가자며 간단한 짐만 짊어지고 나오라고 해서 정말 짐을 간단하게 꾸려서 나왔더니 여기저기 트럭에 나누어 타라고 했다고 한다.

그리고 트럭은 어딘가로 한참을 달리다 사람들을 여기저기 내려놓더란다. 그분이 도착한 곳은 전라도 광주였는데, 그렇게 뜬금없이 실향민이 되고 이산가족이 되어 정말 고생 많이 하셨다는 이야기를 허탈하게 해준 적이 있다. 그곳이 바로 월정리月井里인데, 그분이 살던 동네가 아직도 그곳에 있을 거라고 들었다. 참 쓸쓸하고 스산한 이야기다.

건립된 지 1,000년이 넘었다는 도피안사에는 고려시대에 만든 이지적인 외모를 지니고 있는 고려시대 철불이 있다. 사실 그때 여행의 목적은 그 철불을 보기 위해서였다. 그런데 우리가 방문했을 당시에는 금색을 잔뜩 발라놓아 철불이 가지고 있는 힘을 느끼기가 쉽지 않았고, 좀 애잔한 느낌마저 들었다. 모호한 접경에 있는 철원이라는 장소의 기억과 겹쳐지며 그런 느낌은 더욱 증폭되었다.

1946년에 조선노동당 철원군 당사로 쓰기 위해 지어진 노동당사 건물은 당시에 꽤 위세가 대단했다고 한다. 노동당사는 원래는 북한 땅이었는데 철원군 조선노동당에서 세운 러시아식 건물로, 지상 3층에 1,850제곱미터 규모였으나 폭격으로 바닥이 내려앉아 껍데기만 힘겹게 서 있다. 엄숙한 비례와 구조를 통해 당의 권위를 내세웠을 건물의 근처 방공호에는 학살과 고문의 흔적도 발견되었다고 한다.

그러나 철원은 너른 평야를 품고 있는 요지이며 김화와 평강과 더불어 '철의 삼각지'로 불리는 격전지였기에, 그 일대가 쑥대밭이 되고 인간이 만든 많은 것이 모조리 사라진 참혹한 곳이었다. 노동당사는 그 와중에 완전히 무너지지 않고 남아 있는 몇 안 되는 건물 중 대표적인 유적이다. 또한 밀고 밀리는 전쟁의 흔적이 고스란히 남아 있는 건물이었다.

2002년에 근대문화유산으로 지정되었고, 낡고 위태로운 구조물의 보존을 위해 지금은 출입을 통제해서 외관만 볼 수 있다. 그러나 그 당시는 그런 제한이 없었고 그곳을 찾는 사람이 거의 없어 그곳에 오래 머물면서 여기저기를 보며 여러 가지 생각을 할 수 있었다. 내부가 다 허물어지고 껍데기만 위풍당당하게 남아 있는 노동당사

철원 노동당사 내부는 다
허물어지고 껍데기만
위풍당당하게 남아 있어
나무에 매달려 있는
매미껍데기같이 공허했다.

건물은 나무에 매달려 있는 매미껍데기같이 공허했다. 폐사지도 많이 가보았지만 여기만큼 쓸쓸하지는 않다.

그 무렵 서태지와 아이들이 3집을 발표하며 〈발해를 꿈꾸며〉라는 타이틀곡의 뮤직비디오를 이곳 노동당사에서 찍었다. 2층 정면에 앞으로 쭉 뻗어 있는 캐노피에 올라가서 비둘기를 날리며 빨간 고무장갑을 끼고 통일을 노래하며 춤을 추는 모습은, 당시에도 매우 신선했지만 지금 생각해도 놀랍기만 한 연출이었다. 어느새 쓸쓸함은 사라지고, 그곳은 갈라진 세계가 다시 이어지고 끊어진 기억을 이을 수 있는 시간의 터널과 같다는 느낌을 주었다.

〈발해를 꿈꾸며〉와 〈시대유감〉을 들으며 1990년대를 건너와 21세기에 들어선 지도 20년이 지난 오늘, 이 평화로워 보이는 일상 너머의 혼란과 모순은 어디서 온 것일까 생각해본다. 북한과의 화해와 타협 대신 대립과 갈등 속에서 벌어지는 무기 실험과 군사훈련 소식 등 통일을 향해 한발 나아가기에는 막막하기만 한 현실과, 여전히 비슷비슷한 교실에서 모두 한 방향만을 바라보고 있는 전국 수백만의 아이들, 지구 곳곳에서 벌어지는 전쟁·마약·살인·테러, 그 모든 것에 점점 무뎌진 채 성찰 없이 살아가는 우리의 자화상에 대하여.

역사의 비극을 기억하다

덕수궁 정관헌

참혹한 역사의 기억

"천하의 여러 나라가 제왕을 일컫지 않은 나라가 없었다. 오직 우리나라만은 끝내 제왕을 일컫지 못하였다. 이와 같이 못난 나라에 태어나서 죽는 것이 무엇이 아깝겠느냐! 너희들은 조금도 슬퍼할 것이 없느니라."

백호白湖 임제林悌라는 선비가 자식에게 남긴 유언이다. 임제는 서도병마사 부임 길에 황진이 무덤에 들러 "청초 우거진 골에"로 시작되는 시를 지어 죽은 황진이를 위로했다가, 부임도 하기 전에 해

직당했다는 이야기로 유명한 조선시대 중기의 학자다. 혹자는 그를 조선 최고의 로맨티스트라고 일컫는다.

진정 기개가 있고 정신이 바로 박힌 선비라면, 늘 큰 나라의 그늘 아래에서 눈치를 보며 자신을 황제라고 칭하지도 못했던 조국의 비루함에 그런 울분을 품을 만하다. 그러나 희한하게도 우리가 아는 그 많은 시인, 묵객, 학자를 통틀어도 그런 소리를 했다는 사람을 만나기가 쉽지 않다.

뭔가 근본적으로 우리 민족의 자존감에 큰 문제가 있는 것이 아닐까 그런 생각을 해본다. 그렇게 자기 자신을 낮잡아 보고 주변의 큰 나라를 높여 보는 시선이 아직도 우리의 주변에 만만치 않게 남아 있음을 볼 때마다, 400년 전 사람인 임제의 가을 서리 같은 유언이 생각난다.

그러나 그가 통탄을 하며 세상을 뜬 1587년부터 정확하게 310년 후, 조선은 황제의 나라가 된다. 1897년 10월 12일 고종은 문무백관을 거느리고 원구단으로 나아가 황제 즉위식을 거행한다. 조선이 건국하고 500여 년이 지난 시기에 마침내 '주상 전하'에서 '황제 폐하'로 격상되는 무척 역사적인 의식이었지만, 열강들 틈에서 나라가 몸을 가누지 못하는 사정과 관리들에게 월급도 지급하지 못하

고종은 황제에 즉위하기 전 명성황후가 일본인들에게 무참히 살해되는 '을미사변'과 자신이 러시아공사관으로 몸을 피하는 '아관파천'을 겪었다. 러시아공사관.

는 빈약한 재정으로 마지막 안간힘을 쓴 듯한 그 모습이 안타깝고 쓸쓸하다. 그것은 고종이 황제 즉위 바로 2년 전에 명성황후가 일본인들에게 침소에서 무참히 살해되는 을미사변을 겪었고, 러시아 공사관으로 몸을 피하는 아관파천을 겪은 직후였기 때문이다.

한국의 근현대사를 공부하다 보면 울분이 치밀고, 가슴에 큰 돌을 얹은 것처럼 답답해진다. 그중 가장 압권은 무관 출신인 일본인 공사 미우라 고로三浦梧樓의 계획하에 일본인 낭인들이 경복궁 왕비의 내전內殿을 무자비하게 난입한 을미사변이 아닌가 싶다. 물론 이후에 을사늑약(1905년) 등 나라가 실질적으로 망하게 되는 사건도 있었지만, 우리의 자존심을 가장 건드리는 사건이 바로 을미사변이다.

한 나라의 수도에서 그것도 왕과 왕비가 기거하는 왕궁이 몇십 명의 왜인에 의해 그렇게 참혹하게 유린당했다는 사실과 그런 사실을 알면서도 어떻게도 대응하지 못했던 조선의 무기력함에 할 말을 잃는다.

몰락해가는 조선의 자존심을 지키다

『고종실록』 1903년 12월 3일 기사에 의하면, 정2품 이용직李容稙이라는 관료가 이런 상소를 올린다.

"오늘 관보官報에 기재된 바를 보니, 고영근高永根과 노원명盧遠明이 을미년 역도逆徒 중 한 사람인 우범선禹範善을 찔러 죽이고 일본에 잡혔습니다. 대개 우범선이 살해되었다니 시원하기는 시원합니다만, 다시금 가슴속의 피가 한층 끓어오름을 깨닫습니다. 저 흉악한 원수 놈들을 일일이 궁궐 문 앞에 잡아다 놓고 끝까지 추궁하고 엄하게 국문을 하여 법대로 죄를 다스림으로써 귀신과 사람의 분노를 풀어주지 못하고 도리어 망명한 자의 손을 빌렸단 말입니까?"

상소에 등장하는 '을미년 역도'란 명성왕후가 시해된 을미사변에 관련된 자를 이른다. 지금은 그 참혹한 비극의 배후에 일제가 있었음을 모두 알고 있다. 사실 이 사건의 배경에는 일본과 러시아라는 외세, 개화파와 흥선대원군과 명성황후 사이의 정치적 역학 관계가 복잡하게 얽혀 있었다. 그리고 함부로 궁궐을 습격해 감히 한 나라의 왕비를 살해한 세력에는 놀랍게도 일본인 수비대나 불량배 외에 친일 개화파 측의 인물들과 폐지되기로 예정되었던 훈련대 군인 등 조선인이 섞여 있었다.

그 주동자 중 한 명이 훈련대 제2대대장이던 우범선이었다. 이후 그는 다른 일본인 범인들처럼 일본 정부의 비호 아래 일본으로 건너가 무죄로 풀려난 채 일본 여성과 결혼해 살고 있었다(그 아들이 우리나라 농업 발전에 기여한 우장춘 박사라는 사실은 놀라운 역사의 아이러니다). 그런 그를 조선에서 고종과 왕비의 측근으로 독립협회·만민공동회 등에서 활약하다 정치적 이유로 망명해 있던 고영근이 노원명과 함께 '국모보수國母報讐(국모의 원수를 갚다)'의 명분으로 1903년 11월 24일 암살한 후 곧바로 경찰에 자수하고, 재판을 통해 사형선고를 받는다.

고영근을 구명해 일본 정부에서 돌려받자는 상소는 이후로도 이어져, 그는 1909년 국내로 송환된다. 그는 1919년 고종이 승하해 홍릉에 묻히자, 1921년 3월 능참봉陵參奉(능을 지키는 하급 관리)이 되어 무덤을 지켰다. 그는 비문 문구의 문제로 조선총독부와 이견으로 능비가 세워지지 못하자 '대한홍릉 명성황후'라고 여덟 글자만 새겨져 있던 비석을 '대한고종태황제홍릉 명성태황후부좌'로 완성해 건립했다가 조선총독부에 의해 파직되었고 다음해 병사했다. 고영근은 몰락해가는 왕조가 결국 지키지 못했던 나라의 자존심을

사바틴은 러시아공사관, 중명전, 손탁호텔, 정관헌, 독립문 등의 건축물을 설계했을 뿐만 아니라 을미사변의 현장에 있었다. 독립협회의 서재필이 사바틴에게 의뢰해 지은 독립문.

지킨 사람이다.

그런데 울분을 토하는 이용직의 상소를 읽어 내려가다 보면 낯선 이름이 하나 등장한다. 그것은 "사바싱沙婆眞, A. S. Sabatine의 보고서와 히로시마廣島의 재판 기록에서 진상이 드러났으니 명백하여 숨길 수가 없습니다"라는 내용이다.

을미사변의 현장을 목격한 사람들 가운데는 외국인이 두 명 있었다. 그들은 그 사건을 국제사회에 전하는 중요한 역할을 하게 되는데, 그중 한 사람이 당시 왕실 시위대侍衛隊 부대장이던 러시아인 건축가 아파나시 세레딘 사바틴Afanasy Seredin Sabatin이다. 사바틴이 우리나라에 22년간 머무르면서 주로 러시아공사관, 중명전, 손탁호텔, 정관헌, 독립문 등의 굵직한 건축물을 설계했다.

정동에 남겨진 시간들

사바틴은 1860년 우크라이나에서 태어난 스위스계 러시아인이다. 그는 러시아 육군 유년학교 공병과 출신으로 중국 상하이에서 활동을 하다가 그의 나이 24세 되던 1883년, 당시 조선 정부의 총리아문 참의로 활동하던 파울 게오르크 폰 묄렌도르프Paul George von Möllendorff가 발탁해 '영조교사營造敎士'라는 직명을 받고 우리나라에 오게 된다.

그는 처음 들어올 때의 임무였던 벽돌 제조 가마 계획안이 무산되자, 인천해관의 토목기사로 근무하면서 인천해관 청사와 독일의 무역회사인 세창양행世昌洋行 사택을 설계한다. 이후 그는 인천해관을 나와 조선 정부에서 발주하는 관문각觀文閣이라는 관아의 설계와 공사 총괄을 맡게 되는데, 조선 관료들과의 마찰로 공사가 부실해지면서 입지가 좁아져 다시 인천해관으로 돌아간다.

그러나 곧바로 그를 좋게 보았던 고종의 발탁으로 조선 정부에 고용되는데, 정작 맡은 일은 왕실 호위에 대한 일이었다. 사바틴은 1895년 10월 8일 명성황후가 건청궁乾淸宮에서 일본인들에게 희생될 때 비극의 현장을 목격하게 된다. 일본은 흥선대원군의 음모로 몰아가려고 시도했으나, 시위대 미국인 교관 윌리엄 매켄타이어 다이William McEntyre Dye 장군과 함께 현장을 목격한 사바틴의 증언으로 실패하게 된다. 이후 사바틴은 개인적인 건축 활동에 주력하게 되고, 러일전쟁이 일어난 1904년까지 조선에 머물다가 러일전쟁의 패망과 함께 러시아로 돌아간다.

정동은 흔히 구한말이라고 하는 조선이 망하는 시점, 일본인을 비롯한 외세가 밀려 들어오는 시점, 오랫동안 지켜오던 우리의 습관과 이별을 하던 시점들이 타임캡슐에 넣어 냉동 진공 보관이라도 시킨 듯이 보관되어 있는 곳이다. 정동에는 시간이 꿀차의 바닥에 가라앉은 진득하고 달콤한 꿀처럼 고여 있다.

정동의 껍질이면서 가장 중요한 내용이기도 한 장소가 바로 덕수궁이다. 덕수궁에는 수많은 역사적 시련의 기억이 있다. 서울의 다른 궁들이 그랬듯, 일제 식민 정책의 일환으로 놀이공원으로 격하되어 미처 원래의 지위를 되찾지 못했던 1960년대에, 덕수궁 돌담이 철로 만든 담으로 바뀌었던 적이 있었다.

네모난 철 파이프를 가로세로로 엮어서 담을 두른 덕에, 밖에서 덕수궁 안이 빤히 들여다보였고 그 사이로 머리를 디밀어 들어갈 수도 있을 것 같았다. 궁 안에는 겨울에는 스케이트를 탈 수 있었던 연못이 있었고, 그 뒤로 인상적인 건물이 하나 보였다. 나중에 안 사실이었지만 그곳이 바로 정관헌靜觀軒으로, 1900년에 고종이 커피를 마시기 위해 만들어놓은 정자라고 흔히들 알고 있는 그 건물이었다. 고종은 이곳에서 다과나 연회를 열었고, 한때는 태조·고종·순종의 영정과 어진을 모신 적도 있다고 한다.

정관헌은 벽돌로 쌓은 벽체에 돌기둥을 세우고, 건물 밖으로 가는 목조 기둥을 세운 발코니를 만들어 전통 건축과 서구식 건축을 혼합시킨 단층 건물이다.

정관헌은 궁궐에 있는 전통 양식의 목조건축이 아닌, 어딘가 양식풍이지만 그렇다고 전적으로 양식으로 보이지는 않는 묘한 느낌을 주는 건물이다. 국호를 대한제국으로 바꾸고 왕이 스스로 황제로 칭했지만 그 호기와는 달리 무척 쓸쓸함이 느껴지던 당시의 분위기가 담겨 있다. 아마도 고종은 거기서 외세에 둘러싸여 나라를 걱정하고, 그보다도 먼저 자신의 안전을 걱정하고 있었을 것이다.

덕수궁 안에 조용한 정자를 짓고, 조용히 내려다보는靜觀 왕의 모습이 그려진다. 그리고 덕수궁 한 귀퉁이에 이국적이며 쓸쓸한 모습으로 오도카니 자리 잡고 있는 정관헌을 설계한 사람이 바로 사바틴이다. 지금은 탑만 남아 정동 언덕에 삐쭉 솟아 있는 러시아공사관(1890년)도, 을사늑약이 체결된 비운의 장소인 중명전(1901년)도 역시 그가 설계한 건물이고, 덕수궁 석조전은 공사 감리를 맡았다고 한다. 알고 보니 정동에 가서 만나고 묘한 느낌을 받았던 건물들이 모두 사바틴의 작품들이었다.

그 건물들을 생각할 때마다, 주변의 아무도 믿지 못하고 젊은 외국인 건축가에게 왕실의 주요 건물 설계뿐만 아니라 신변 안전까지 맡겨야 했던 고종의 참담한 마음이 전해진다. 사바틴 역시 재정이 부족한 왕실에서 급여도 제대로 받지 못한 채 머물다 쓸쓸하게 조선을 떠났다.

우리나라 최초의 외국 건축가 사바틴. 건축을 전공했던 것도 아니고 부두 건설과 벽돌 제조 가마를 만드는 일로 시작해서, 조선이 기우는 시점에 들어와 운을 거의 같이하면서 격랑을 타고 넘으며 그가 지었던 많은 건물들……. 그 건물들이 점점이 박혀 있는 정동에 가서 그의 건물들을 만나면, 자기 자신을 지키지 못한 약한 나라에 대한 회한과 잊을 수 없는 역사적 상처가 느껴진다. 건축이란 결국 시간과 역사가 만드는 복합적인 풍경이고, 우리의 감정으로 파고드는 것은 그런 인자들이 주는 감흥이 아닐까 생각한다.

탐욕 위에
희망을 세우다

히로시마 평화기념공원

우리의 미래는 어디인가?

〈매드 맥스〉(2015년)라는 영화가 오랜만에 다시 만들어졌다. 1979년에 처음 나와 몇 번 속편이 만들어졌지만 이미 아득한 과거의 일이었고, 그 영화는 전설로 남아 있는 상황이었다. 그런데 이 시리즈를 처음 만든 조지 밀러George Miller 감독이 71세의 고령으로 다시 만들었다고 해서 개봉 초기부터 크게 화제가 되었다. 또한 영화적인 완성도나 액션의 박진감이 전편에 못지않다는 이야기에 솔깃해 보러 가게 되었다.

'분노의 도로'라는 부제가 붙은 〈매드 맥스〉는 핵전쟁으로 사막이 되어버린 지구의 22세기 모습을 그린 영화다. 방사능에 노출된 인류는 대부분 완전치 않은 육체를 가졌고, 물과 기름을 가진 자가 지배자가 되고 8기통 엔진이 숭배되는 세상을 배경으로 한다. 자원이 고갈되고 모든 땅이 황폐한 사막으로 변해버린 황무지에서 낡고 이상하게 개조된 자동차들이 고대 로마시대 전차 군단처럼 등장해서 아주 원시적인 전투를 벌인다.

영화 내내 잠시도 숨을 돌릴 수 없어 혹자는 기승전결이 아닌 '승'만 있는 전개라고도 한다. 정신이 팔려서 보고 있노라니 영화는 끝이 나고, 마지막에 어떤 사람의 독백이 흘러간다.

"희망 없는 세상을 떠돌고 있는 우리가 더 나은 삶을 위해 가야 할 곳은 어디인가? 우리의 미래는 어디인가?"

1968년에 만들어진 〈혹성 탈출〉 또한 굉장히 충격적인 영화였다. 지구를 떠난 우주선이 우주를 떠돌다가 수백 광년이 떨어진 어떤 행성에 불시착해 벌어지는 일에 대한 내용이고, 찰턴 헤스턴Charlton Heston이라는 강인하게 생긴 배우가 나온다. 그 행성에는 미개한 인간들과 지능이 발달한 원숭이들이 산다. 테일러 선장(찰턴 헤스턴)은 그 행성을 지배하는 원숭이들에게 끌려가서 갖은 고초를

독일 베를린에 있는 카이저 빌헬름 기념교회는 빌헬름 2세가 빌헬름 1세를 기념하기 위해 지어졌는데, 1943년 폭격으로 파괴되었다. 철과 유리로 된 신관 건물은 1959년에 지어졌다.

겪다가 우여곡절 끝에 탈출한다.

밤새워 달리다 어느 바닷가를 지나게 되는데, 모래사장에 무언가가 처박혀 있는 모습을 보게 된다. 가까이 가서 자세히 들여다보니 그것은 머리와 팔 부분만 남겨진 채 모래에 비스듬히 파묻힌 '자유의 여신상'이었다. 자유의 여신상을 보며 엎드려 오열하는 주인공을 비추며 영화는 끝난다.

더는 설명이 없고 나머지는 우리의 상상에 맡겨진다. 아마도 그곳은 지구와 멀리 떨어진 행성이 아니라 바로 우리의 미래라는, 아름다운 미래가 아닌 어둡고 좌절만이 남아 있는 미래라는 그런 충격적인 메시지를 전하는 영화였다.

우리는 미래를 늘 희망과 결부해서 생각하는 오래된 버릇이 있다. 그런데 〈매드 맥스〉나 〈혹성 탈출〉 같은 공상과학 영화나 소설에서는 줄곧 희망을 잃은 미래를 소재로 이야기를 만들어내고, 우리의 미래에 대한 경고를 보내며 자각을 촉구한다. 어두운 미래를 뜻하는 단어인 디스토피아dystopia는 유토피아utopia의 반대 개념이다. 사실 이상향을 이야기하는 유토피아라는 말 자체도 세상에 없는 곳이라는 뜻이다. 디스토피아는 무척 껄끄럽고 불편한 말이지만, 우리가 곱씹어보아야 할 말이기도 하다.

나는 네가 상상도 못할 것을 보았다

〈블레이드 러너〉는 1982년에 리들리 스콧Ridley Scott 감독이 만든 영화다. 이 영화의 시대적 배경은 2019년의 미국 로스앤젤레스다. 어두운 도시에는 산성비가 주룩주룩 내리고, 400층이 넘는 건물과 하늘을 날아다니는 자동차가 나오지만 도시는 음침하다.

사람들은 환경 파괴와 인구 증가로 인해 지구를 떠나 식민지 행성을 개척하러 우주로 나갔다. 허공에는 건물마다 대형 스크린들이 매달려 있고, 그 안에서는 화사한 얼굴의 여자가 무언가 달콤하게 이야기를 하지만, 배경이 되어주는 어두운 도시와는 매우 부조화된, 생경한 대조를 보여준다.

인간이 노동력을 제공받고 전쟁을 수행하게 하기 위해 만든 복제인간 리플리컨트Replicant들이 반란을 일으키고 지구로 잠입한다. 그들은 도시에서 잠행하며 4년 시한인 생명을 연장하기 위해 노력한다. 그들은 인간들이 심어놓은 기억으로 존재하지만, 인간과 똑같이 느끼고 감동하고 슬퍼하며 눈물을 흘린다. '블레이드 러너'라고 불리는 특수경찰이 그들을 찾아서 '처리'하는데, 그것을 사형집행execution이 아니라 해고retirement라며 합리화한다.

나는 그 영화가 만들어진 지 10여 년 후 우리나라에서 개봉했을 때 종로에 있는 소극장에서 몇 사람 되지 않는 관객과 함께 보았다. 디스토피아적 미래에 대한 영화는 이전에도, 이후로도 종종 있었다. 그런데도 특히 〈블레이드 러너〉가 대표적인 작품으로 손꼽히고 건축가들이 열광했던 데는 당시나 지금에 와서 보더라도 막연히 상상했던 미래 도시의 모습을 그럴듯하게 그려냈기 때문일 것이다. 화려하게 빛나는 수백 층의 마천루가 즐비하지만, 사람 사는 모습이란 지금이나 미래나 다를 것 없다는 것을 암시하듯 거리의 풍경은 홍콩이나 일본의 어느 뒷골목처럼 스산하고 끈끈하다.

영화를 본 사람이라면 아마도 공감할 텐데, 수사물처럼 복제인간들을 하나하나 제거해가며 쫓는 인간들보다는 처절하게 쫓기는 복제인간들의 비애와 아픔에 확연하게 마음이 기울게 된다. 그들은 인간이 할 수 없는, 혹은 하기 힘든 일을 해내기 위해 힘이 세거나 뛰어난 지능을 가졌거나 심지어 인간을 '위로'하는 능력을 부여받은 대신에 유전자 개량으로도 해결할 수 없는 짧은 수명을 가졌다. 복제인간들이 그 사실을 자각하고 운명을 거부하는 순간, 그들은 제거 대상이 된다. 결국 인간은 인간이 이루어낸 불완전한 미래를 스스로 없애야 하는 위기를 맞게 된다는 역설이 거기에 있다.

디스토피아에서는 자멸적 경쟁의 결말로 일어난 핵전쟁으로 인해 문명이 붕괴되어 원시시대로 돌아가기도 한다. 1945년 일본 히로시마에 원자폭탄이 투하되었을 때 파괴되고 남은 원폭 돔.

"난 네가 상상도 못할 것을 봤어. 오리온 전투에 참가했고 탄호이저 기지에서 빛으로 물든 바다도 봤어. 그 기억이 모두 곧 사라지겠지, 빗속의 내 눈물처럼. 이제 죽을 시간이야."

복제인간 로이 배티의 마지막 말이다. 이렇게 디스토피아를 이야기하는 영화나 소설에서 미래는 인류의 양심과 지성보다는 기술과 권력이 중시되는 전체주의적 통제 사회의 모습으로 그려진다. 혹은 자멸적 경쟁의 결말로 일어난 핵전쟁으로 인해 문명이 붕괴되어 원시시대로 돌아가기도 하고, 또는 인간이 만든 기계 혹은 기계인간들과 힘들게 경쟁을 하기도 한다. 모두 우리의 잘못된 현대화에 대한 우려를 담고 있다.

그런데 불행한 미래는 외부에서 오는 영향이 아닌 우리 스스로 만들어갈 공산이 크다는 것이다. 수천 년에 걸쳐서 힘들게 만들어놓은 문명이나 이룩해놓은 인류의 문화가 단 한 차례의 실수로 인해 무너져버릴 수도 있다는 이야기다.

아닌 게 아니라 요즘의 여러 가지 국제 정세로 볼 때 굉장히 설득력이 있다고 느껴진다. 과도한 무기 개발과 군비 경쟁으로 인해 어느 때보다도 파괴력이 강해진 무기 한 방이 잠깐 사이에 상상할 수 없고 상상하기도 싫은 참혹한 결과를 가져올 수도 있기 때문이다.

반복하지 말아야 할 역사

기계와 동력의 변환으로 근대의 문이 열리고 사람들은 미래에 대한 굉장한 기대를 갖게 되었다. 모든 것이 과학이나 기술의 진보로 통제 가능해지고, 식량이나 주거에 대한 문제도 대량생산을 통해 해결되어 낙원이 가까워지고 있다고 생각하게 되었다. 20세기 초 프랑스의 건축가이며 현대건축의 골격을 완성한 르 코르뷔지에Le Corbusier는 미래의 건축과 도시에 대한 화려한 청사진을 들고 나와 사람들에게 보여주었다. 모든 것이 잘 정돈되고, 자동차와 사람이 조화롭게 다니고, 그 사이에 적당한 양의 수목이 자라고 있는 그런 이상적인 계획을 펼쳐놓았던 것이다.

그 계획들은 거의 실현되지 않았지만, 간혹 그런 이상을 구현했던 곳들이 있다. 우리나라의 세운상가가 그런 곳 중의 하나였다. 르 코르뷔지에도 하지 못한 것을 우리나라에 직역해 적용했으나, 이제는 이러지도 저러지도 못하는 이상한 도시의 생물체가 되어 '처리'만을 기다리고 있다.

현대화가 진행되면서 인간은 이전보다 이상적인 환경을 만들고 이전에는 통제하지 못한 자연을 통제하게 되었지만, 가장 큰 걸림돌인 인간의 욕심은 통제가 불가능해지고 더욱 탐욕스러워졌다. 식량이 남아돌지만 굶어죽는 사람이 늘어나고, 텅 빈 집이 늘어나지만 집이 없어 거리를 떠도는 사람이 늘어난다. 그리고 인류를 지키기 위해 발전시키고 만들어지는 하늘의 천둥이나 거대한 파도보다 더욱 위력이 강한 무기들은 바로 사람들을 겨누는 흉기가 되고 있다.

벌써 70여 년 전의 일이 되어버린, 그러나 인류가 영원히 기억하고 되풀이하지 말아야 할 어떤 상징이 있다. 제2차 세계대전을 종식시킨 가장 직접적인 계기가 된 일본 히로시마 원폭을 모두 기억할 것이다. 히로시마 평화기념공원에 있는 원폭 돔은 1945년 8월 6일 히로시마에 원자폭탄이 투하되었을 때 파괴되고 남은 원폭 피해의 유적이다. 1915년에 지어진 원래의 건물은 얀 레첼Jan Letzel이 설계했고, 산업 장려 등을 목적으로 한 전시장이자 사무실이었다.

원폭 당시 투하 지점에서 580미터 거리의 이 건물에 있던 사람들은 모두 사망했고 건물도 부서졌지만 외벽과 골조의 일부가 남았다. 건물 안의 시계는 원자폭탄이 떨어진 8시 15분을 가리키며 멈춰 서 있다. 강 건너편에는 피폭자들을 추모하는 히로시마 평화기념공원이 조성되어 다리로 연결되며, 1996년 유네스코 세계문화유산으로 등재되었다.

아무도 원하지 않는 전쟁이 일어나 사람이 사람의 목숨을 거두고 어렵게 이룬 문명의 흔적이 한순간에 파괴되기도 한다. 1970년에 건립된 히로시마 평화기념공원 안에 있는 한국인 원폭 희생자 위령비.

독일 베를린에도 전쟁의 기억을 잊지 않기 위해 남은 건물이 있다. 카이저 빌헬름 기념교회는 빌헬름 2세Wilhelm II가 독일 통일의 위업을 이룬 자신의 할아버지인 빌헬름 1세Wilhelm I를 기념하기 위해 1890년대에 지어졌는데, 1943년에 폭격으로 크게 파괴되었다. 113미터 높이로 지어졌던 첨탑 일부와 중앙 현관, 전쟁 당시 총과 포탄 자국 등이 벽에 남아 전쟁의 참화를 잊지 말라고 이야기해주고 있다. 그 옆의 철과 유리로 된 신관 건물은 1959년에 지어진 것이고, 파손된 첨탑 1층에 기념관이 있다.

21세기 지구의 한쪽에서는 인터넷망을 기반으로 세계인들이 만나지 않고도 서로 친구가 되고 교류하는데, 한편에서는 아무도 원하지 않는 전쟁이 일어나 사람이 사람의 목숨을 거두고 어렵게 이룬 문명의 흔적을 한순간에 파괴한다. 미래와 과거가 공존하는 것이다.

〈매드 맥스〉의 황량한 사막이나 〈블레이드 러너〉의 껍데기만 화려하나 비어 있는 도시 어느 쪽이든 우리가 원하는 미래의 모습은 아니다. '집이자 고향'으로 돌아가고 싶어 모래 폭풍 속을 달렸던 〈매드 맥스〉의 여전사 퓨리오사처럼, 과거에도 현재에도 미래에도 인간이 가장 마지막까지 지켜야 할 희망이 무엇일지 잊지 말아야 할 것이다.

과거와 현재의 시간을 만나다

산 카탈도 공동묘지

기억의 일곱 가지 죄악

모든 사람에게는 타고난 재능이 적어도 하나씩은 있다고 생각한다. 어떤 사람은 수학적인 재능이 뛰어나고 어떤 사람은 노래, 어떤 사람은 달리기, 심지어 말을 꾸며내기를 잘하는 사람도 있다. 말을 꾸며내는 재능이 잘 쓰이면 소설가가 되거나 대단한 이야기꾼이 되지만, 잘못 쓰일 경우 거짓말쟁이, 심할 경우 사기꾼이 되기도 한다. 간혹 다방면에 걸쳐 대단한 재능이 있는 사람이 있기도 하지만, 대부분은 하나 혹은 많아야 둘 정도의 재능을 가지고 살아간다. 그런 재능을 적성이라고 하기도 하고 좀 뛰어나게 잘하는 경우에는 천재적인 재능이라고 따로 불러주기도 한다.

나 자신을 돌이켜보자면 공부를 그다지 잘하는 편이 아니었고, 숫자를 기억하고 계산하는 데 아주 서툴렀고, 운동이나 음악에도 평균 이하의 능력을 가지고 있다. 그러나 다행히도 기억력이 좋은 편이었다. 덩달아 기억력이 잘 쓰이는 과목인 역사나 지리 등을 무척 좋아했고 잘하는 편이었다. 그래서 과거의 일이나 공간에 대해 기억해내는 것을 좋아하는데, 가령 어린 시절 있었던 사소한 일들이나 살았던 동네나 골목의 모습, 이웃과 있었던 일 등을 멀게는 4세 무렵까지도 기억해내기도 한다.

그럴 때의 반응은 두 가지로 갈린다. 첫 번째는 굉장히 놀라는 부류, 두 번째는 그 기억을 믿을 수 없어 하는 부류가 있다. 하기는 이미 50여 년 전의 기억이다 보니 증명하기가 쉽지는 않다. 나도 간혹 그 기억들이 정말 정확한 것인지, 아니면 내가 그렇게 믿고 있는 것인지 헛갈린다.

그 기억들은 하나의 완성된 모습이거나 연속성이 있는 모습이 아니라 깨진 병 조각처럼 바닥에 흩어진 채 각자 따로 반짝거린다. 다시 말해 '기억의 파편들'은 특별한 어떤 순간만 산발적으로 생생하

우리는 자기 자신이 바르게 기억하고 있다고 생각하지만, 머릿속에 저장되어 있는 정보는 불완전할뿐더러 왜곡된 채 꺼내지는 경우가 있다. 1979년 알도 로시가 이탈리아 베니스비엔날레를 위해 설계한 '물 위의 극장'.

게 기억될 뿐이다. 더군다나 아이러니하게도 어린 시절의 일이 지금도 어제 일처럼 생생한데 엊그제 일어났던 일은 까마득하게 생각이 나지 않는다.

우리의 머릿속에 저장된 기억이란 참 묘한 작동 원리를 가지고 움직이는 장치다. 인간의 기억은 불완전하다. 대부분 자신은 바르게 기억하고 있다고 생각하지만, 머릿속에 저장되어 있는 정보가 왜곡된 채 꺼내지는 경우가 종종 있다.

미국의 인지심리학자인 대니얼 섁터Daniel Schacter는 『기억의 일곱 가지 죄악』이라는 책을 통해서 기억이 어떻게 왜곡되는지를 일곱 가지 범주로 분류해 설명한다. 그가 예시한 기억의 일곱 가지 인자는 소멸, 정신없음, 막힘, 오귀인誤歸因, 피암시성, 편향, 지속성이다. 그는 기억이 자연스럽게 없어지는 '소멸', 어떤 정보나 기억이 입에서 뱅뱅 돌기만 하면서 나오지 않는 '막힘', 유도 질문이나 암시 등 누군가가 던져주는 잘못된 정보로 인해 기존의 기억이 흐트러지는 '피암시성', 기억의 출처를 혼동해 다른 사람의 아이디어나 이야기를 자신의 창작으로 오해해 본의 아닌 표절을 하게 되는 오귀인 등 다양한 범주를 예시한다.

특히 사람들이 끔찍한 경험을 한 후 그 기억에 갇혀 오래도록 고통을 당하는 경우(말하자면 '트라우마' 같은)을 뜻하는 '지속성'의 죄악은 "기억이라는 감옥에 갇힌 비극적 죄수"로 비유한다. 그리고 그런 현상은 인간 진화의 부산물이며 우리의 뇌 기능이 제대로 실현되고 처리되기 위해 치러야 할 대가라는 결론을 내린다. 그렇다면 기억의 불완전성과 왜곡은 자연스러운 진화의 부산물이라는 이야기인가?

기억과 시간 속에서 길을 잃다

2014년 3월 첫날 프랑스의 영화감독 알랭 레네Alain Resnais가 93세의 나이로 세상을 떠났다. 예전에 어떤 잡지에서 유명한 현대무용가 머스 커닝햄Merce Cunningham이 소설가 제임스 조이스James Joyce의 『피네간의 경야』를 주제로 만든 안무를 소개하는 글을 본 적이 있다. "머스 커닝햄은 대다수의 사람들과 마찬가지로 조이스의 소설을 읽지 않았지만 그의 소설의 열렬한 팬"이라고 소개되어 있었다.

나 역시 알랭 레네의 영화를 몇 편 보지 않았고 그나마 본 영화도 괴로워하면서 보았지만, 그의 열렬한 팬이다. 그것은 아마 그가 평생 영화를 통해 보여주었던 시간이나 기억 등의 주제가 가지고 있는 무게감과 영화적 해석에 보내는 존경이었을 것이다.

알랭 레네에 대해 알기 시작했던 1970년대에는 열악한 문화적인 상황으로 인해 그의 영화를 쉽게 접할 기회가 없었다. 그의 영화를 보게 된 것은 한참 지나서였다. 어떤 대상에 대해 어느 정도 이해를 하고 감동할 준비가 된 상태라면 대부분 대단한 감동을 받기 마련이지만, 그의 영화는 무척 지루했다. 더구나 제일 먼저 본 영화는 그중에서도 난해한 〈지난해 마리앙바드에서〉(1961년)였다.

알랭 레네는 1922년 프랑스에서 태어났다. 그는 어린 시절부터 8밀리미터 필름으로 영화를 만들기 시작해 무수한 단편영화와 다큐멘터리 영화를 만들고, 30대 후반인 1959년 〈히로시마 내 사랑〉으로 극영화에 데뷔하게 된다. 마르그리트 뒤라스Marguerite Duras의 소설을 작가가 직접 각본 작업을 해서 일본과 합작으로 만든 영화다.

각자 슬픈 기억을 가지고 있는 두 남녀(프랑스인 여배우와 일본인 건축가)가 만나, 서로를 보며 슬픈 기억을 떠올린다는 아주 단순하지만 심각한 영화였다. 이 영화를 통해서 알랭 레네는 기억과 시간에 대한 그의 앞으로의 작업 방향을 보여주었다.

그리고 2년 후 그는 〈지난해 마리앙바드에서〉를 통해 더욱 심각

알랭 레네의 영화는 시간이나 기억 등의 주제가 가지고 있는 무게감을 보여주며, 사람으로 하여금 무한의 시간을 느끼게 해준다. 영화 〈지난해 마리앙바드에서〉의 한 장면.

하고 난해한 방식으로 기억에 대한 영화를 우리에게 던져준다. 이 영화에서는 반복적으로 들리는 단조로운 배경음악, 정지한 것인지 움직이는 것인지 알 수 없는 인물들, 시간 감각을 빼앗아가는 장면의 불연속적인 전환, 이차원의 그림처럼 평평하고 도식적인 건축과 조경 등이 어우러진다. 게다가 도대체 알아챌 수 없는 주인공들의 대사는 감독이 관객들을 어둠 속으로 몰아넣고 계속 쫓아다니며 발을 걸어대는 것 같았다. 우리는 영화를 보는 내내 발에 걸려 비틀거리고 넘어지기도 한다.

줄거리는 마리앙바드라는 곳에 있는 아주 고전적인 건물에서, 작년에 우리가 만났다고 주장하는 남자와 그 사실을 기억할 수 없다는 여자가 주인공으로 나온다. 남자는 지속적으로 그 여자를 쫓아다니며 작년의 일을 상기시키고, 여자는 번번이 기억할 수 없다고 이야기한다. 그다지 길지 않은 1시간 반 정도의 영화지만, 시간을 두들겨서 길게 펴놓은 듯 보는 사람으로 하여금 무한의 시간을 느끼게 해준다.

별다른 사건도 없이 등장인물이 많이 나오지만, 두 사람 외에는 벽에 그려놓은 그림처럼 평평하다. 그 상태로 영화가 지속된다. 작년의 기억이 맞는 것인지 아니면 잘못된 기억인지에 대한 의문을 갖는 것조차 귀찮아질 때쯤 영화는 끝이 난다.

시작할 때 아무런 감정이 섞여 들어가지 않은 마르고 건조한 내레이션으로 영화의 배경이 되는 장소에 대한 설명이 펼쳐지는데, 끝날 때도 그 장소에 대한 설명이 나온다. 그 장소가 커다란 의미라도 있는 듯하다. 그러나 그것 역시 감독의 의도임을 눈치챌 수 있다. 그 지루한 설명의 제일 마지막 문장은 이렇다. "그곳에서 당신은 이제 길을 잃어버렸다. 영원히……. 깊은 밤에 나와 함께." 영화 또한 도저히 길을 찾을 수 없는 지경에 이르러 끝난다.

영화에서 나오는 기억들은 순서가 어긋나고 이야기와 상황도 맞지 않는다. 다만 보는 사람이 감독이 제시하는 상황과 이야기를 재료로 해서 재구성하며 추측할 뿐이다. 감독은 결국 우리를 미로로 안내하고 각자 알아서 빠져나오든지 아니면 한없이 미로에서 방황하게 하는 것이다.

기억은 재구성된다

〈지난해 마리앙바드에서〉를 통해 알랭 레네는 인간의 기억에 대한, 인간이 느끼는 시간에 대한 생각을 우리에게 던져준다. "기억이란 우리가 보고 싶어 하는 쪽으로 만들어지는 '현재'의 입맛에 맞게 재구성된 과거일 뿐이다"라고. 프랑스의 철학자 앙리 베르그송Henri Bergson은 '공간화된 시간 개념', 즉 시계로 측정할 수 있는 시간 개념을 거부한다.

"나는 놀랍게도 과학에서 말하는 시간은 '지속하지' 않고 실증과학은 본질적으로 지속을 제거함으로써 성립한다는 사실을 깨달았습니다. 이것을 사색의 출발점으로 삼아 나는 점차 그때까지 받아들인 모든 것을 거부하고 내 관점을 완전히 바꾸게 되었습니다."

시간이란 지속되는 것이고 현재와의 관계 속에서 수축되거나 확장되고 그에 따라 스스로 갱신하는 과거를 이야기한다. 과거는 늘 현재와의 관계 속에서 재구성된다는 이야기다.

건축 또한 시간과 기억의 토대 위에서 성립한다. 대부분의 건축가가 그런 생각을 하겠지만 그것을 자신의 건축에 직접적으로 표현한 건축가를 꼽으라고 하면, 알도 로시Aldo Rossi라는 이탈리아 건축가가 떠오른다. 공간의 기억이 축적된, 즉 역사와 전통을 지닌 도시나 국가를 기반으로 현대건축을 하는 건축가들은 늘 과거의 시간과 그에 대한 기억이 담긴 환경을 어디까지 어떻게 수용할 것인가, 혹

알도 로시의 건축은 단순하고 반복적인 형태를 띠는데, 아주 추상적으로 보이면서도 어디에선가 본 듯하고 그래서 아주 익숙한 느낌이 든다. 산 카탈도 공동묘지.

은 부정할 것인가 하는 숙제를 짊어지고 있다.

이탈리아에서 건축 활동을 하던 로시 또한 과거와의 연결을 중요하게 생각해서 '기억의 회로를 거친 건축'을 하는 건축가로 알려졌지만, 결코 과거를 그대로 복제하지 않는다. 로시의 모든 작품에는 공통적으로 사용된 건축적 어휘들이 있는데, 유럽의 전통 도시에 대한 오랜 연구 끝에 만들어낸 단순화한 건축적 유형type들이다.

그것은 기억 속에 잠재하는 이미지를 기하학으로 형상화한 것인데, 반복되는 사각형의 창이나 규칙적으로 늘어선 기둥은 거리의 모습을 상징하고, ㄷ자형이나 ㅁ자형의 배치는 전통적인 유럽의 광장을 반영한다. 그래서 그의 건축을 보면 단순하고 반복적인 형태로 아주 추상적으로 보이면서도 어디에선가 본 듯하고 그래서 아주 익숙한 느낌이 든다.

다시 말해 그의 건축은 기억과 시간을 시적으로 함축하고 단순화해 우리에게 제시한다. 로시는 유행을 피하고 이론의 탄탄한 토대에서 주관적인 기억을 바탕으로 한 상상력으로 디자인을 전개한 능력을 인정받아 1990년 프리츠커상을 수상하기도 했다.

그의 이름을 가장 먼저 세상에 알린 작품은 이탈리아 북부 모데나Modena에 있는 '산 카탈도 공동묘지'다. 자신의 저서인 『과학적 자서전』에서 로시는 1971년 일어났던 자동차 사고가 인생의 전환점이 되었다고 묘사하면서, 당시 자신의 젊음의 종말과 모데나의 묘지 프로젝트에 대한 영감을 얻었다고 설명한다. 병원에서 회복되는 동안 그는 삶의 거대한 야영지로서 도시에 대해, 사자死者의 도시로서 묘지에 대해 생각했다고 한다. 기존의 전형적인 고전적 묘지를 하나의 작은 도시로 이해하고 확장한 디자인은 1971년 당선되었고 단계적으로 건설되었다.

역사적 도시에 흐르는 일상적 기억을 기하학적 언어로 번역한 로시의 건축에서 사람들은 과거와 현재가 혼재된 시간을 만나고, 산 자가 죽은 이들을 위한 도시를 거니는 경험을 하게 된다. 그리고 우리의 머리에 저장되어 있던 과거라는 기억과 시간의 단편들은 건축이라는 몸을 통해 새롭게 태어나는 것이다.

원초적인 공간과 만나다

발스 온천

아직도 오지 않는 '고도'를 기다리며

서울 신촌 로터리에서 와우산 쪽으로 언덕을 올라 다리를 하나 건너면 오른편에 붉은 벽돌의 산울림소극장이 있다. 그 자리에 가면 늘 걸려 있는 연극 포스터가 있었다. 연출가 임영웅이 1969년에 첫선을 보인 후 산울림소극장에서만 오랫동안 공연하고 있는 연극 〈고도를 기다리며〉다.

특이한 연출가 기국서가 연출한 〈고도를 기다리며〉도 참신하고 감각적이며 생의 비극을 꿰뚫는 통쾌함과 유쾌함이 가득하지만, 임영웅의 정통적이고 원작에 충실하고 진지하며 무엇보다도 오랜 세월 '기다리는' 공력에는 우리 모두 머리를 숙일 수밖에 없다. 아직도 오지 않는 '고도'를 빼놓고 모든 것을 다 볼 수 있는 〈고도를 기다리며〉를 보기 위해 그 지하극장으로 내려갔다.

〈고도를 기다리며〉는 아일랜드의 극작가 사뮈엘 베케트Samuel Beckett가 쌓은 현대연극의 우뚝 솟은 봉우리다. 베케트는 우리가 미국 하버드대학과 더불어 가장 좋아하는, 우리나라의 어떤 이는 문학적 추종자들의 존경까지 포기하면서까지 갈구하는 레터르인 노벨문학상까지 수상한 유명한 극작가이고, 〈고도를 기다리며〉는 누구나 제목쯤은 알고 있는 유명한 연극이다.

막이 오르면 두 친구 블라디미르와 에스트라공이 하염없이 '고도'를 기다린다. 그곳에 럭키와 포조가 지나가고, '고도'의 말씀을 전하는 소년이 잠깐 나온다. 등장인물이라고는 고작 그 5명이다. 무대 역시 나무 한 그루와 나무뿌리를 감싸는 야트막한 흙무더기가 전부다. 그러나 이 연극은 소수의 등장인물과 담백한 무대장치를 통해 보편적인 세계의 모습과 인간의 모습을 그리고 있다. 그런데 보이는 것은 하나도 없다.

에스트라공 : 이리 오기로 돼 있는데.

블라디미르 : 딱히 오겠다고 말한 건 아니잖아.

에스트라공 : 만일 안 온다면?

블라디미르 : 내일 다시 와야지.

에스트라공 : 그리고 또 모레도.

간혹 잊어버리기도 하지만, 그들은 서로 일깨우며 오지 않는 '고도'를 기다린다. 듣자하니 '고도'는 신GOD을 의미하는 것 같기도 하다. 그렇게 이 연극은 '부조리극'의 정점을 찍었다. 부조리극은 20세기 에우제네 이오네스코Eugène Ionesco의 연극 〈대머리 여가수〉부터 시작되는, 말하자면 실존철학의 문학적 대응 혹은 연극적 대응으로 볼 수 있는 현대연극의 한 장르다.

가령 이오네스코의 〈코뿔소〉라는 연극에서는 어느 도시에 코뿔소가 나타난다. 당연히 사람들은 신기해하면서 "저 코뿔소가 어디에서 왔을까?" 하고 궁금해한다. 그 후 코뿔소는 늘어나고 사람들은 점점 사라진다. 알고 보니 사람들이 코뿔소로 바뀌는 것이다. 사람들은 그런 '부조리한 상황'에 금세 적응이 되고 도시는 코뿔소로 넘쳐나게 된다. 코뿔소는 뿔을 갈고 거리를 내달릴 뿐만 아니라 카페

〈고도를 기다리며〉는 소수의 등장인물과 담백한 무대장치를 통해 보편적인 세계의 모습과 인간의 모습을 그리고 있다. 2019년 초연 50주년을 기념하는 공연 모습.

에 앉아서 일상적인 여유를 즐기고 담소하고 일을 처리한다.

결국 주인공만 사람으로 남고, 그는 좌절한다. 처음에는 사람들이 코뿔소로 변하는 상황에, 나중에는 자신이 코뿔소가 되지 않는 상황에. 그래서 그는 매일 밤 잠이 들 무렵 다음 날 자신이 코뿔소로 변하는 희망을 품고, 다음 날 아침에는 여전히 사람인 자신에 대해 좌절한다.

좌절하고 포기할 것이 아니라 반항하라

'부조리'라는 개념은 알베르 카뮈Albert Camus가 인간의 상황을 설명하기 위해 사용한 철학적 용어다. 그것은 일상화된 기계적 반복에서 깨어나 의식을 되찾은 인간의 세계에 대한 관계를 말한다. 어느 날 갑자기 우리가 기정사실로 받아들이고 있었던, 우리를 지탱해주고 있는 배경이 걷히며 인간은 고독을 느끼게 된다. 즉, 삶과의 절연, 배우와 배경과의 절연, 인간과 신과의 절연 등……. 생의 부조리와 무의미함을 깨달은 인간에 대한 상황과 그에 대처하는 자세에 대한 이야기가 '실존철학'으로 발전한다. 알베르 카뮈는 『시지프 신화』에서 이렇게 이야기한다.

“무대장치들이 문득 붕괴되는 일이 있다. 아침에 기상, 전차를 타고 출근, 사무실 혹은 공장에서 보내는 네 시간, 식사, 전차, 네 시간의 노동, 식사, 수면 그리고 똑같은 리듬으로 반복되는 월화수목금토, 이 행로는 대개의 경우 어렵지 않게 이어진다. 다만 어느 날 문득, ‘왜?’라는 의문이 솟아오르고 놀라움이 동반된 권태의 느낌 속에서 모든 일이 시작된다.”

카뮈는 ‘시작된다’라는 말이 중요하다고 말한다. 권태는 기계적인 생활의 여러 행동이 끝날 때 느껴지는 것이지만, 그것은 동시에 의식이 활동을 개시한다는 것을 뜻한다는 것이다. 권태 속에서 생에 대한 자각을 하게 되고, 존재에 대한 자각을 하게 된다. ‘나는 누구인가?’ 하고.

그는 이야기한다. 인간이라면 반항하라, 생에 대해 반항하라고. 생에 대한 무의미를 목도하면 좌절하고 포기할 것이 아니라 반항하라. 그것이 인간에 대한, 인생에 대한 긍정이라고. ‘고도’를 기다리는 블라디미르와 에스트라공처럼, 끝없이 정상으로 돌을 들어올리는 시시포스Sisyphos처럼 성실성을 가지라고.

그렇게 인간이 잊고 있던 자신의 본모습을 깨닫고 생의 한계를 인식하고 그 상황을 피하는 것이 아니라 직접 대함으로써, 인간 소외와 상실의 상황에서 벗어나 인간의 회복을 추구하는 것이 실존철학의 핵심이다. 실존주의 철학자 장 폴 사르트르Jean-Paul Sartre의 소설 『구토』에서 앙투안 로캉탱이라는 역사학자는 3년째 연금으로 생활하며, 프랑스혁명 시기의 음모가이자 정치가인 드 로르봉 후작에 대해 연구를 하고 있다. 세상과 격리된 채 지나간 시간에 대해 연구를 하는 것이다. 그러던 어느 날 해변에서 물수제비를 뜨는 아이들을 보고 자신도 물수제비를 뜨려고 조약돌을 손에 쥐었다가 구토의 느낌을 받는다. 그 구토의 느낌은 존재에 대한 계시다.

"오! 어떻게 나는 그것을 말로 규정할 수 있을까? 부조리, 조약돌과의 관계, 노란 풀덤불과의 관계, 마른 흙과의 관계, 나무와의 관계, 하늘과의 관계, 또 초록색 의자와의 관계에 있어서의 부조리이다. 달리 표현될 수 없는 부조리. 그 아무것도-자연의 심원하고 은밀한 헛소리에 의해서조차도, 그것을 설명할 수 없었다. 물론 나는 다 알지는 못했다. 나는 싹이 자라고 나무가 커지는 것을 본 적이 없었다. 그러나 이 껄껄한 굵은 발 앞에서는 무식도, 지식도 중요하지 않았다. 설명이나 이치의 세계는 존재의 세계가 아니기 때문이다."

페터 춤토어의 '클라우스 형제 교회'는 거대한 돌기둥처럼 우두커니 서 있는 콘크리트 덩어리인데, 스위스의 성인을 기리기 위해 세워졌다.

존재가, 스스로 존재가 자신에게 걸어 들어온 것이다. 20세가 갓 되었을 때 우연히 그 책을 접했던 그때의 느낌이 아직도 생생하다. 우리의 무대와 같았던 신이 무너져버리고, 인간에 대한 신뢰가 무너져버린 20세기를 하나의 상징으로 보여주는 이야기였다. 그 은일자적 삶에 대한 동경과 신의 죽음과 두 차례 세계대전의 비극이 만들어낸 20세기 초의 허무가 공명이 되었다.

나는 존재하는가? 인간이 실존을 느끼는 순간은 언제일까? 피터 위어Peter Weir 감독의 영화 〈트루먼 쇼〉(1998년)에서 주인공 트루먼 버뱅크(짐 캐리Jim Carrey)는 자신이 평범한 샐러리맨이라 생각하고 있지만, 실은 24시간 생방송되는 쇼의 주인공이자 스타다. 전 세계의 시청자가 그의 탄생부터 30여 년에 이르는 인생을 지켜보고 있다. 어린 시절 부친이 바다에서 익사하는 것을 보고 물에 대한 공포증이 있지만, 실은 섬을 떠나려는 마음을 먹지 못하도록 설정된 가짜 진실True이다.

트루먼이 사는 세상에서는 그 자신만이 실존의 인간이고 나머지는 모두 허상이고 이미지다. 어느 날 그 '무대장치'가 무너지며 트루먼은 자신의 실존적 상황에 대해 자각을 하게 되고, 당연하게도 인간으로서 '반항'을 하며 바다로 나간다. 그는 폭풍이 몰아치는 바다

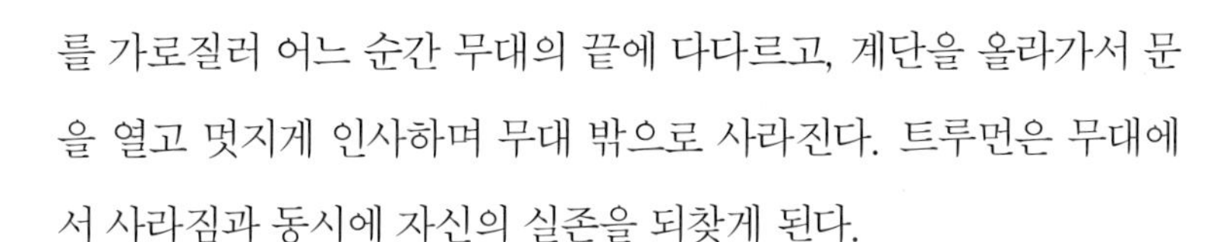

를 가로질러 어느 순간 무대의 끝에 다다르고, 계단을 올라가서 문을 열고 멋지게 인사하며 무대 밖으로 사라진다. 트루먼은 무대에서 사라짐과 동시에 자신의 실존을 되찾게 된다.

실존적인 나와 만나는 어떤 순간

그렇다면 실존의 공간이란 무엇일까? 예전 중앙청 자리에 앉아 있던 국립중앙박물관을 장마 한가운데에 찾아간 관객이 나 혼자였던 어느 날 수백 개의 유물과 수억의 시간이 고여 있던 공간이라든가, 건너편 아파트가 내다보이는 담배 피우는 가장의 베란다 혹은 화분이 즐비한 할머니의 베란다라든가, 가족이 모두 나가고 난 아침 10시 거실의 텔레비전 소리가 벽을 타고 넘어오고 주방 싱크대에서 방금 설거지를 마치고 한숨 돌린 주부의 식탁, 자정이 다가오는 시간 한강 다리를 건너가는 버스 맨 뒷자리……. 모든 관계가 소거된 채 오로지 '나'만의 실존을 느끼는 일상의 공간들. 그런 것이 아닐까?

2009년 건축계의 노벨상이라 불리는 프리츠커상의 수상자로 스위스의 노장 건축가 페터 춤토어Peter Zumthor가 선정되었다. 당시 미국의 『뉴욕타임스』는 그를 "건축에 관심을 가진 보통 사람들 사이에서는 물론 건축계 안에서도 거의 알려지지 않은 건축가"라고 소개했다. 1979년부터 건축 예술을 통해 인간성 회복에 기여한 건축가에게 수여되고 있는 이 상은, 필립 존슨Philip Johnson을 시작으로 프랭크 게리Frank Gehry(1989년), 안도 다다오安藤忠雄(1995년), 렘 콜하스Rem Koolhaas(2000년), 자하 하디드Zaha Hadid(2004년) 등 주로 세계를 무대로 활동하는 대표적 건축가들이 매년 수상자로 선정되어왔기 때문이다. 주최 측은 춤토어가 "유행에 따르지 않고 건축의 본질적인 가치를 추구하는 인물"이라고 밝혔다.

페터 춤토어는 1943년 스위스 바젤에서 태어난, 가구 만드는 장인 집안 출신의 건축가다. 그는 바젤 미술공예학교와 뉴욕 프랫 인스티튜트Pratt Institute 등에서 수학하고, 1979년 스위스 할덴슈타인Haldenstein에서 독립 사무소를 열었다. 그는 "건축은 음악과 같은 것"이라며, "내면의 소리에 자신을 맡겨 설계한다"라고 말했다.

예를 들어 그는 기억 속의 이모 집 정원 문손잡이를 떠올리며, 그 손잡이는 '다른 분위기와 냄새의 세계로 들어가는 특별한 신호로서 발밑에 밟혔던 자갈의 소리와 오래된 오크 계단의 촉촉한 느낌과

향, 삐거덕거리는 소리와 함께 그 공간을 떠올리는 표식'이 된다고 말한다.

그는 "건축을 한다는 것은 스스로 질문을 던지는 행위이며, 좋은 설계를 할 수 있는 힘은 우리 자신의 내부에 이미 존재하고 있고, 이 세계를 감성과 오성을 통해 지각할 수 있는 가능성에 놓여 있다" 라고 이야기한다. 스위스의 작은 마을에서 지역 문화를 기반으로 자신만의 건축적 이상을 표현해온 그는 창문틀과 난간 마무리 등 디테일 하나하나까지 살펴 건축을 하며, 건축주의 취지에 공감할 수 없는 작업은 절대 맡지 않는다.

독일 서부 바헨도르프Wachendorf의 '클라우스 형제 교회'는 평원 한가운데 모놀리스Monolith(거대한 돌기둥)처럼 우두커니 서 있는 콘크리트 덩어리인데, 건축가라면 누구나 한 번쯤 꿈꾸었을 법한 건축이다. 이 작품에서 춤토어는 투박한 목재로 골조를 세우고 콘크리트를 부은 다음, 콘크리트가 굳은 후 나무를 3주 동안 불로 태웠다. 그래서 검게 탄 내부 벽에는 나무의 옹이와 껍데기 흔적이 고스란히 남아, 그 무늬와 냄새를 통해 건축 과정에서 존재했던 시간에 대한 상상력을 불러일으킨다.

스위스의 성인을 기리기 위해 세워진 이 교회의 건축주는 이 지

© 7132 Hotel

페터 춤토어의 '발스 온천'은 일상적 행위인 목욕의 의미를 종교적 의식으로 확장시킨다. 다시 말해 원초적 자연으로 환원된 건축 안에서 자신의 존재를 만나는 실존의 공간이 된다.

역에 거주하는 평범한 농부 부부였고, 그들은 친구의 도움을 얻어 교회를 직접 지었다. 여러 명이 모여 집회를 하기 위한 공간이 아니라 개인으로서 자신만의 신을 만나는, 이를테면 실존주의 철학자 키르케고르Kierkegaard가 말한 '신 앞에 선 단독자'를 구현한 공간이다.

또한 스위스 동부 그라우뷘덴Graubünden에 지은 '발스 온천'을 빼놓을 수 없다. 알프스에 산재한 온천 지역 중 하나인 발스Vals는 전형적인 스위스 마을로 편마암이 많아 이를 자재로 이용한 건축물이 다양하게 분포되어 있다. 그 편마암 6만 개를 쌓아 만든 단순한 형태의 건물이 언덕에 파묻혀 있는데, 계곡 인근 호텔의 부속 시설로 증축된 것이다. 해마다 이 온천을 즐기러 4만 명 이상의 관광객이 발스를 찾는다.

춤토어는 온천 수맥을 따라 건축 구조물을 '감추는' 방식으로 설계했다. 마을 채석장에서 나온 편마암으로 마감한 콘크리트 벽이 물을 감싼 듯한 모양은 이 공간의 주인공이 건축물이 아니라 물水이라는 메시지를 뚜렷하게 전달해준다. 동굴과 같은 방들을 8센티미터 폭의 틈을 가진 콘크리트 판들이 덮고 있다. 유리로 처리된 이 틈으로 내부에 빛이 유입되어 신비로운 분위기를 자아내며, 그 위로 자연스레 풀이 덮여 사람과 동물이 거닐 수 있다.

주출입구에서는 지하수가 흐르는 경로를 통해 자연스럽게 방문객들이 탈의실로 이어지도록 도와주며, 그 내부의 온천은 돌로 된 벽에 담긴 물의 조화로운 촉감을 느끼며, 몸을 가다듬고 정신을 가다듬는 순간을 만나게 된다. 다양한 온도의 온천수와 조명과 빛으로 인해 변화하는 공간의 색, 주변 자연을 그대로 끌어들인 재료의 경험은 건축과 인간의 실존적 경계를 넘나든다.

산속 동굴에서 솟아나는 온천수를 상징하듯 이 건물에서 '산, 돌, 물'이 빛과 함께 가장 중요한 요소가 되어 일상적 행위인 목욕의 의미를 종교적 의식(목욕재계 혹은 세례)으로 확장시킨다. 그 안에서 벌거벗은 사람들은 인간이 원시 동굴 속에서 처음 겪었을 법한, 가장 원초적인 모습의 자기 자신이 된다.

페터 춤토어의 공간에서는 낱낱의 개별 재료가 가지고 있는 물성과 기억이 신 혹은 물과 같은 원초적 자연으로 환원된다. 그렇게 건축화한 자연 안에서 그 장소에 머무는 사람들은 자신의 존재를 실존적으로 만나게 된다.

제3장

일상을 담다
놀이의 공간

지식의 교류와 교감이 이루어지다

서점

여름은 독서의 계절

가을은 독서의 계절이라고 이야기하지만, 나에게는 장마철과 한여름이 독서의 계절이다. 우선 가을에는 날이 너무 좋아서 책이 읽히지 않는다. 오히려 무더위가 몰아치는 한여름이나 눅눅한 장마철같이 움직이기 거북한 날, 특히 비가 오는 날은 하루 종일 조도照度와 분위기가 비슷해 집중도 잘된다. 우선 어디로 갈 마음이 없어질 때이므로 책에 깊이 빠질 수 있어 그때 책을 제일 많이 읽는다.

일요일 오후 집을 정리한다. 일주일 동안 집 안으로 침입해 들어온 침략군 같은 먼지들을 털어서 쓸어내고 언제 옮겨놓았는지 기억도 없는 이런저런 물건을 달래서 제자리에 가져다 놓으면 집 안으로 강 같은 평화가 흘러들어온다. 그때 소설책을 꺼내서 누운 채 읽기 시작한다. 이야기가 조금 전개될 무렵 책은 내 얼굴을 덮고 나는 깊은 잠에 빠져든다. 나는 책의 가장 큰 효용은 두뇌의 자극이나 정보 제공이 아니라 수면 유도가 아닌가, 그런 하염없이 게으른 생각을 하기도 한다.

요즘은 이런저런 볼거리, 특히 눈을 다른 곳으로 돌리지 못하게 하는 못된 애인처럼 스마트폰이 나의 눈을 온통 독점하고 있어 책을 스마트폰 몰래 보기는 한다. 그러다 보니 도처에 널린 것이 책이건만 책을 읽는다는 것은 극히 어려운 일 중 하나가 되었다.

예전에 지하철을 타면 책을 읽는 사람이 꽤 많았는데, 요즘은 가끔 책을 읽고 있는 사람을 보면 감격스럽기까지 하다. 한때 내가 출퇴근을 지하철로 하던 시절, 3호선 녹번역에서 수서역까지 다니던 시절이 있었다. 그때 지하철에서 보내는 시간이 대략 50분이 조금 넘었는데, 출퇴근 시간을 이용해서 정기적으로 책을 매일 50~60쪽을 읽었고 대충 일주일에 한 권을 읽었다.

지하철에서만 읽는 양이 1년이면 약 50권이 되었다. 책 읽는 것이 대단한 결심이나 환경을 타는 것은 아니지만, 책을 손에 잡기가 무척 힘든 지금 그렇게 정기적으로 책을 읽을 수 있던 시절이 그립다. 말로는 그렇지만 내가 버리는 그 많은 시간 중에 일부만이라도 책에 할애하면 되는데 그게 그렇게도 어렵다.

요즘은 책을 서점에서 직접 구매하지 않고 온라인으로 구매하는 경우가 많다. 무엇이 먼저인지는 잘 모르겠지만 책을 사러 서점에 가려 해도 주변에 서점이 없다. 동네 구석구석 그렇게 많았던 서점이 어느 순간 땡볕에 물이 증발해버리듯 모조리 말라버렸다.

그래서 온라인으로 검색하고 실물을 보지 않은 채, 이런저런 평가를 참조하며 구매하게 된다. 사실 그런 행태가 마음에 들지 않는다. 나는 베스트셀러나 최근에 화제가 되고 있는 '검증되지 않은 책'은 선뜻 보지 않는 편이다. 책을 선택할 때 나의 직관을 믿으며 나의 촉감을 믿는 편이다.

서점에 갈 때도 미리 살 책을 정해놓고 가는 것이 아니라 둘러보다가 책을 '발견'하는 편이다. 대부분 이름은 알지만 읽어보지 않은 책이거나, 전혀 정보가 없는데 읽어보다가 꽂히는 몇 부분이 있어 사게 되는 경우가 있다. 때로는 나의 전공이나 평소에 관심과 동떨어진 엉뚱한 책을 사와서 읽기도 한다. 그런 것이 바로 서점이 사람

서점에서는 책을 사러 가는 행위나 그 안에서 지식의 그물에 빠지는 행위, 지식을 선택하는 행위 등 많은 차원의 지식의 교류와 교감이 이루어진다. 일본 쓰타야서점.

과 교류하고 교감하는 하나의 형식이라고 생각한다. 서점에 가는 행위는 단순히 구매라는 의미를 뛰어넘는 또 다른 문화 행위인 것이다.

책을 읽고 지식을 습득하는 행위는 무척 일차원적이다. 그러나 책을 사러 가는 행위, 그 안에서 지식의 그물에 빠지는 행위, 지식을 선택하는 행위 등 많은 차원의 지식의 교류와 교감이 서점이라는 공간에서 이루어진다. 그래서 나는 서점에 간다.

책방을 추억하다

그러나 서점이 많이 없어졌다. 한때 나는 서점 주인이 되고 싶다는 꿈이 있었다. 동네 서점에 가면 한가하게 앉아서 책을 파는 서점 주인을 보며 저렇게 여유롭게 지내는 인생이면 참 좋겠다 싶었다. 서점을 가득 채운 책들과 음악 소리 뭐 그 정도면 인생에서 더 바랄 것이 있겠는가? 그런 철없는 생각을 했다. 동네마다 서점이 있었고 신간 서적들을 취급하는 서점 말고도 헌책을 파는 헌책방도 무척 많았다.

물론 헌책방의 메카는 서울 동대문이었으나 그곳 주인들은 너무 전문적이라 책의 가치를 정확하게 알고 있었으며, 그에 따라 엄정하게 가격을 '제값으로' 책정해서 별로 재미가 없었다. 그러나 동네 헌책방들은 그런 정도가 아니고 주인이 부르는 게 값이어서 인간적이었다. 간혹 싼값에 아주 희귀한 책을 얻게 되는 경우도 있다. 그런 때는 거의 복권에 당첨된 것처럼 기뻐하기도 했다.

1980년대 초 성북구 삼선교 인근 어느 헌책방에서 『국문학청화國文學菁華』라는 책을 발견했다. 내용은 예전 향가, 고려가요, 조선 가사 등을 그 유명한 양주동 박사가 옮겨놓은 것으로, 민중서관에서 1948년에 펴낸 책이다. 내용이나 가치는 잘 모르겠고 일단 책이 거창하고 저자가 양주동이라 무턱대고 들고 가서 주인에게 "얼마예요?" 하고 물어보았다. 주인은 대충 훑어보더니 "600원 줘" 해서 부르는 대로 600원에 산 것이다.

물론 그 책은 별로 쓸데도 없고 내 책꽂이에 만형 노릇을 하고 있을 뿐이다. 서점에 대해 글을 쓰느라 생각나서 오랜만에 꺼내보았더니 먼지가 폴폴거리고 종이는 바깥쪽부터 누렇게 삭아가고 있었다. 인터넷을 검색해보았더니 1949년 『동아일보』에 책을 홍보하는 광고가 크게 실려 있었다.

양주동 박사는 우리 어릴 때 라디오와 텔레비전에 수시로 나오던, 아는 것 많고 엄청 말을 많이 하며 꼬장꼬장하지만 익살스러운 캐릭터의 교수님이었는데 그 이름을 들으니 반가웠다. 여기저기 돌아다니며 '득템'했던 헌책들은 이사 다니며 다 없어졌고, 『국문학청화』만 한 권 퀴퀴하게 냄새를 풍기며 남아 있다.

한동안 종로통에 서점이 즐비했다. 종로서적, 양우당, 삼일서적, 동화서적 등의 서점이 자리 잡고 있었으며, 그 안에는 중·고등학생, 대학생 등의 젊은 층뿐만 아니라 나이 지긋한 중장년층까지 넘쳐났다. 나는 주로 종로서적에 다녔다. 당시 우리나라 서점의 대표격이었고 여러 층에 걸쳐 다양한 분야의 책들이 있어서 한 번 가면 몇 시간 동안 그 안에서 헤매고 돌아다녔다. 그러다 광화문 네거리에 교보문고가 들어섰다. 규모도 무척 컸고 한 층으로 구성된 점이 아주 편리했다.

그때 우리끼리는 종로서적파와 교보문고파로 패가 갈렸다. 종로서적은 여러 층으로 나뉘어서 불편하다고 하는 사람과 지식의 층위를 보여주는 것 같아 좋지 않으냐는 사람이 티격태격했는데, 그것은 H.O.T 팬클럽과 젝스키스 팬클럽의 격돌처럼 치기 어린 장난이었다. 그만큼 서점에 가는 것은 우리의 일상이었기 때문이라는 생

© 중앙일보

종로서적에는 중·고등학생, 대학생 등의 젊은 층뿐만 아니라 나이 지긋한 중장년층까지 넘쳐났다. 또 여러 층으로 나뉘어서 지식의 층위를 보여주어 좋았다.

각이 든다.

그 다툼에서 결국 교보문고가 승리한다. 요인은 여러 가지로 분류해볼 수 있다. 우선 종로라는 젊음의 상징이 많이 퇴색한 데 있었다. 종로서적은 종로의 한복판이었고 그 안에 젊음이 드글거리는 곳이었다. 그러나 강남의 급속한 발전과 함께 서울의 중심에 모여 있던 명문 고등학교의 강남 이전과 맞물리며 종로 일대의 학원이 많이 사라졌다. 그리고 자동차의 보급과 더불어 자동차 접근성이 중요한 요인이 되면서 주차장이 없는 종로서적은 이래저래 불리할 수밖에 없었다.

동네 서점이 돌아왔다

대형 서점은 단순히 책을 사고 사람을 만나는 공간이 아닌 다양한 재미를 주는 곳으로 변하고 있다. 더구나 온라인 서점들이 생겨나면서부터 동네 서점들은 학생들이 쓰는 교재나 참고서를 팔며 유지하다가 그마저도 하나둘 사라져갔다. 더군다나 헌책방은 더더욱 드물어졌다.

15여 년 전 지금 사는 동네에 이사 와서 보니, 상가 1층을 널찍하게 차지한 큰 서점이 하나 있어서 반가웠다. 서점에 들어가는데 문에서 '띠링' 하고 손님의 출입을 알리는 벨이 울렸다. 그 넓은 서점을 무뚝뚝한 인상의 주인이 혼자 지키고 있었는데, 서가를 온통 메운 책들은 짐작하다시피 각종 참고서와 교재가 대부분이었고 다른 책들은 잡지와 베스트셀러 위주로 전시되어 있었다.

사고 싶은 책은 손님이 알아서 찾아야 했는데, 그래도 집 앞 동네 서점의 존재는 무척 고마웠다. 조마조마한 마음으로 드문드문 드나들다 내가 찾는 책이 별로 없다 보니 점점 발길이 닿지 않게 되었고, 결국 서점은 몇 년 되지 않아 문을 닫았다.

대형 서점이 다시 인터넷 서점에 밀리고, 그 인터넷 서점이 헌책까지 사고팔면서 오프라인 서점은 영영 사라질 것만 같았다. 그런데 신기하게도 세상은 돌고 돈다고 다시 서점이 각광을 받고 있다.

몇 년 전 광화문 교보문고에는 5만 년 된 나무로 만든 독서 테이블을 놓아 100명이 함께 앉아 책을 읽을 수 있게 했다. 심지어 코엑스에는 13미터 높이의 대형 서가에 책 5만 권이 진열되어 있는 '책의 숲'도 등장했다. 물론 손에 닿지 않는 높이의 서가에 꽂힌 책이 과연 읽히거나 팔리기 위한 것인지 장식을 위한 것인지에 대한 의

문이 없지는 않다.

서점의 이러한 변화에는 외국의 다양한 서점, 특히 일본 쓰타야 서점蔦屋書店의 모델이 자극이 되었다. '라이프스타일을 판다'는 개념으로 성공한 쓰타야는 원래 도서, 음반, DVD 등을 빌려주는 가게에서 출발했다. 1,500여 개의 지점 중 2011년 문을 연 '다이칸야마代官山 쓰타야'가 국제적인 명소로 거듭나게 되었는데, 서점과 스타벅스 커피숍, 동물 병원, 레스토랑 등이 모여 있다.

나는 이 건물이 지어지기 전, 울타리를 치고 한창 문화재 발굴 조사 비슷한 것을 하고 있을 때 그 근처를 지난 적이 있다. 그때도 이미 다이칸야마 지역은 패션숍과 멋진 카페 등으로 유명한 곳이었지만, 몇 년 후 쓰타야서점이 들어서면서 단순히 성공한 상업 지역이 아닌 문화의 중심지로 거듭나게 된 것이다.

일본에는 그 밖에도 일주일에 한 번만 여는 서점, 1년 365일 그날에 태어난 유명인의 책을 포장해 판매하는 서점, 포장을 해서 블라인드된 상태로 책을 사게 하는 서점, 아티스트의 전시장을 겸한 서점 등 다양한 콘셉트의 서점이 있다고 한다. 우리나라에도 요즘 그에 못지않은 독특한 성격의 서점들이 속속 등장하고 있다.

'독립 서점'으로 불리는 작은 서점들은 대형 서점에 비하면 규모

독립 서점은 내가 보고 싶은 책을 파는 곳, 책을 만지고 냄새 맡을 수 있는 곳이다.
서울 은평구에 있는 니은서점, 서울 해방촌에 있는 고요서사,
서울 홍대에 있는 땡스북스, 서울 금호동에 있는 프루스트의 서재.

는 비교할 엄두도 낼 수 없지만, 대형 서점에서 찾을 수 없는 책들을 만날 수 있는 곳이다. 잘 팔리는 책이 아니라 보고 싶은 책을 파는 곳, 책을 만지고 냄새 맡을 수 있는 곳, 골목을 걷다 만날 수 있는 가까운 동네 서점이 점점 늘어나는 것은 고마운 일이다.

다만 그게 또다시 지나가는 한때의 유행이 되어버린다면 서글플 것 같다. 책이라는 것은 이제 사람들이 읽고 덮고 자는 친구가 아니라 그저 하나의 상징이 되어버린 것 아닌가 하는 생각이 들기 때문이다. 책이라는 상징을 즐기고 소비함으로써 세상의 흐름에 올라타더라도, 우리가 생각하는 지식과는 거리가 먼 어떤 다른 세계로 흘러가지 않기를 바란다.

그곳에 사람이 살고 있었다

골목

공장에서 들려오는 자본주의의 찬가

오래된 것은 지저분한 것이고 누추한 것이다. 혹은 오래된 것은 아름다운 것이고 편안한 것이다. 오래된 것에 대하여, 우리에게는 이렇게 상반된 시각이 공존하고 있다. 그리고 그 시각에 따른 상반된 가치를 그때그때 편리하게 적용해서 사용하고 있다.

이것은 다름 아닌 우리나라에서 이루어지는 도시 재개발에 관한 어정쩡하고 묘한 입장에 관한 이야기다. 한때 우리나라가 근대화와 현대화를 동시에 이루어야 했던 시점에서 오래되고 낡은 것은 불편한 장애물이라는 관념이 아주 깊숙이 심어졌다. 물론 오래된 시설물이나 마을은 구조와 안전에 대한 보완과 개선이 필수적이기는 하다. 하지만 그것을 대형 개발과 연계해서 도시의 역사적인 가치를 당대의 재산적 가치 증식과 교환하고자 하는 자세에는 분명 문제가 있다고 생각한다.

어이없게도 우리는 오래된 동네를 갈아엎어 아파트촌을 만들고 그 안에서 행복하게 살면서, 쉬는 날이면 오래된 동네로 놀러가서 사진을 찍고 커피를 마시고 여러 경로를 통해 오래된 것의 가치에 대해 이야기하는 이중적인 행동을 한다.

지금은 성장의 속도가 다소 완만해졌지만, 내가 태어나고 자라던 시절인 1960년대는 사람이 청소년기를 지나는 것처럼 무척 빠른 속도로 나라가 성장하고 있었다. 지금으로 치면 서울 을지로3가 주변인 입정동笠井洞이 나의 고향이다.

그곳은 조선시대에는 중인 계급이 살던 동네였다고 한다. 갓을 만들던 장인들이 있던 집에 우물이 있어 붙은 이름이라고 한다. 물론 그 이전에 대한 기억은 나에게는 없다. 다만 내가 태어날 당시에는 을지로 쪽이나 청계천 쪽, 즉 대로에 면한 부분에는 상가들이 들어서 있었지만, 그 안쪽에는 일반 살림집들이 있는 전형적인 서울의 평범한 동네였다. 만화가게도 있었고 솜틀집도 있었고 기름집도 있었고 문방구도 있었다. 또한 공터도 있어서 동네 아이들과 흙밭을 뒹굴기도 했다.

그러던 것이 우리나라가 경제적으로 활발히 성장하면서 을지로통도 매우 빠른 속도로 상업화가 진행되기 시작했다. 결국 집들은 하나씩 빠져나가기 시작했고, 그 자리를 기계로 쇠를 깎아 여러 가지 물건을 생산하는 공장들이 메우기 시작했다. 당시는 중공업이 우리의 살길이라고 부르짖던 시절인지라, 쇠를 깎아 기계 부품을 만들어내는 공장에서 들려오는 요란한 굉음은 우리의 성장과 발전을 축원하는 찬가로 들리던 시절이었다.

살림집들이 줄어들면서 당연히 학교의 학생 수가 줄어들어 학교가 하나씩 문을 닫고 사람들은 다른 동네로 이사를 해야 했다. 그때 우리 집은 아현동으로 이사를 했다. 이사를 하고 얼마 지나지 않아 미국의 우주선 아폴로가 달에 착륙해 닐 암스트롱Neil Armstrong이 달 표면을 톰슨가젤처럼 겅중겅중 뛰어다니는 모습을 온 동네 사람들이 입을 벌린 채 텔레비전 앞에 모여서 보았으니 아마 1969년 언저리의 일이었을 것이다. 그렇게 을지로 주변이 상업화되며 한 시절을 보내고, 그사이 우리나라는 내부적으로나 외형적으로 많은 변화

서울 을지로통에 있었던 살림집들은 하나씩 빠져나가고, 그 자리를 기계로 쇠를 깎아 여러 가지 물건을 생산하는 공장들이 메우기 시작했다.

가 일어났다. 그렇다고 해도 그 시간은 50년 남짓이 되는 기간이다.

그런데 이제는 사람들이 빠져나간 자리를 기계가 채웠던, 말하자면 '산업화의 역군'들이 나가야 하는 시점이 된 것이다. 사람의 몸에서 신진대사가 이루어지듯, 도시 또한 얼마 동안의 역할이 끝나고 이제는 다른 내용으로 그 장소가 채워져야 하는 시점이 된 것이다.

낡은 것, 더러운 것, 낙후된 것

나는 지금도 가끔 입정동에 간다. 별다른 이유가 없이도 가고 일부러 이유나 목적을 만들어서 가기도 한다. 무엇보다도 가장 큰 이유는 그곳에 가면 마음이 편해지기 때문이다. 나는 그런 감정이 아주 원초적인 고향에 대한, 자신의 근본에 대한 그리움이라고 생각한다.

지금 가봐도 하루 종일 소음이 떠돌고, 바닥에는 기름이 둥둥 떠 있는 물들이 파인 웅덩이마다 흥건하지만 마음은 정말 편하다. 차가 다닐 수 없는 골목이 여전하고, 조금 안색을 바꾸었지만 내가 살던 시절의 골목 풍경을 그대로 간직하고 있는 분위기 역시 여전하다.

몇 년 전 여름에 대학교 건축과 학생들과 입정동을 조사할 기회가 생겼다. 일주일이라는 아주 짧은 시간이지만 도시의 한 장소를 학교에서 혹은 책으로 배우는 것과는 달리 몸으로 부딪쳐 보고 읽어보는 작업이었다.

아주 오랜 시간 우리의 '토건 세력'들은 서울의 구도심을 어떻게 개발해 막대한 부가가치를 창출할 것인지에 골몰하면서 여러 가지 청사진을 펼쳐놓고 사람들을 현혹했다. 그리고 서울이 가지고 있는 오래된 시간을 낡은 것, 더러운 것, 낙후된 것으로 인식하도록 만들어 누구도 그 명분에 반대할 수 없도록 무력화한 다음에 외곽부터 차근차근 지워나가고 있었다.

그 세력들은 서쪽에서는 지하철 2호선 을지로입구역 근처 수하동과 삼각동부터 시작해서 수표동 근처까지 진격했고, 동쪽에서는 동대문운동장역(현재 동대문역사문화공원역)에서 시작해 훈련원로(종로5가에서 장충단공원까지) 근처까지 진격했으니 이는 거의 군사작전을 방불하게 한다.

피난민의 어수선한 천막처럼 개발을 앞두고 아직 옛길과 오래된 집들의 흔적을 간직한 채 웅크리고 있는 입정동 일대를 거닐며, 그 풍경을 현대의 전쟁과 비유하며 학생들과 이야기를 나누었다.

요즘 벌어지는 전쟁의 비인간성은(물론 전쟁에 인간적인 전쟁이란 있을 수 없지만) 대면하지 않고 사람들을 살상할 수 있다는 데서 온다. 한참 미국이 이라크와 전쟁을 하던 시절 방영된 어떤 텔레비전 다큐멘터리 프로그램에서 무척 충격적인 장면을 본 적이 있다.

무인 폭격기를 운전하는 한 조종사는 아름다운 아내와 귀여운 아이들을 둔 미국의 평범한 가장이다. 그는 아침에 식구들과 손을 흔들어 인사를 하며 자동차를 타고 기지로 출근한다. 그리고 회사의 업무를 보듯 자리에 앉아서 모니터로 공격할 대상을 보고 버튼을 눌러 폭탄을 투하한다.

그가 버튼을 하나 누를 때마나 여러 집이 무너져 내리고 그 안에 있는 사람들은 죽게 되는 것이다. 그러나 바다 건너 멀리서 그것도 해상도가 그다지 높지 않은 화면을 보며 폭격을 조종하는 사람은 그 마을의 냄새도 그 마을의 소리도, 너무나도 당연하게 사람들의 아우성이나 표정도 읽을 수 없다. 단지 공격 대상과 목표 달성에 대한 선택과 실행만이 존재할 뿐이다. 그 가장은 업무를 끝내고 다시 자동차를 몰아 퇴근해서 손을 씻고, 온 가족이 평온하게 저녁식사를 마치고 텔레비전을 보며 하루의 일과를 마무리한다.

도시 재개발 역시 그런 것이라고 생각한다. 현장에 대한 고민이

입정동 안에 들어가면 조선옥이나 을지면옥 등 유명한 식당들이 있고, 서울의 여느 번화가만큼 혹은 신도시의 상가건물처럼 많은 간판이 붙어 있다.

나 그 안에 담긴 세월에 대한 고려 없이 그냥 축척이 큰 지도를 보고 선을 그어 길을 만들고, 깨끗한 건물을 새로 세우는 것. 그것은 원격 무기로 살상을 하는 현대전과 별다를 것이 없다.

서울의 원도심이라고 할 수 있는 을지로통이나 청계천 좁은 골목을 버스나 지하철로 지나친 것이 아니라 처음으로 깊숙이 들어가 본 학생들은 대부분 아파트에서 태어나고 아파트에서만 자랐다고 했다. 그동안 건축을 전공하고 도시의 이런저런 양태에 대해 공부를 많이 했지만, 그 골목에서 맞닥뜨린 풍경에 약간은 놀라고 조금은 눈살을 찌푸리며 낯설어했다. 그러나 일주일도 안 되는 시간에 그 안에 들어가서 사람들을 만나고 그 안에서 이루어지는 일을 만나게 되며 모두 180도로 마음이 바뀌었다.

인간에 대한 존경과 시간에 대한 경외

입정동에는 아직 사람들이 살고 있다. 그러나 무척 불안하게 살고 있다. 그곳은 재개발 지구로 지정된 후, 지금 살아 있는 나무들이 수명이 다할 때까지만 존재하며 새순이 돋아나는 것이 허용되지 않는 숲과 같은 곳이 되었다. 그러다 보니 개선이나 이주가 원천적으로 봉쇄된 도심 속의 섬처럼 유리된 곳이기도 하다.

이곳으로 사람들은 아침 일찍 들어오고 해가 지면 집으로 돌아간다. 그런 환경이 익숙하지 않고 너무나 먼 서울의 저편에서 자란 학생들이 가장 더운 여름 한복판, 8월 첫 주에 입정동으로 들어갔다. 그리고 학생들은 여기저기서 동네 사람들을 만나 그들의 이야기를 듣기 시작했다

남산에서 흘러내려오는 물을 끓여 목욕탕을 운영하던 청계대중탕은 지하철이 개통되고 물길이 끊어지며 운영을 중단했다고 한다. 1953년부터 영업을 시작한 중화요릿집 오구반점은 화교 출신이 운영하는 음식점이고 가족이 같이 운영한다고 한다.

특히 다방은 입정동을 가로세로로 엮어주는 베틀과 같은 곳이다. 다방을 중심으로 보이지 않는 네트워크가 형성되고 이야기들이 완성된다. 응접실다방, 민들레다방, 순정다방, 민다방, 둥지다방, 타임다방, 화성다방 등이 있는데 서로 단골이 겹치지 않도록 보이지 않는 영역 구분이 있다고 한다. 아침 6시에 출근한 그들에게 다방의 하루는 '수건 돌리기'로 시작된다. 늘 땀에 젖는 가게 사람들을 위한 것이다. 보통 50군데 정도의 단골에 손수레에 실은 수건과 페

트병에 담긴 물을 돌리는데, 하루 평균 70~80군데 배달을 나가기도 한다.

또한 그 안에는 안성집, 조선옥, 을지면옥 등 유명한 식당들도 있지만 외지인이 주로 오고, 주민들은 간혹 동네 경조사 때 나름으로 이용한다고 한다. 그리고 그 안에 들어가면 서울의 여느 번화가만큼 혹은 신도시의 상가건물처럼 많은 간판이 붙어 있다.

그러나 조금 다른 것은 요즘 보기 드문 붓으로 그리고 쓴 간판이 아직도 존재하고 있다는 것이다. 그런 간판은 1960~1970년대에 용도 폐기되었기에, 그 시절의 간판이 아직도 남아 있나 하고 생각했으나 상태가 너무나 깨끗해서 의아했다. 그들의 이야기를 들어보니 몇 년 전까지만 해도 자전거를 타고 다니며 붓글씨로 철판 위에 간판을 그려주던 할아버지가 있었다고 한다. 그런데 그 할아버지가 어느 날부터인가 돌연 나타나지 않게 되었다.

입정동에는 구멍가게도 여러 개 있다. 보통의 구멍가게는 군것질거리부터 생필품까지 아주 잡다한 물건을 진열하고 판매하는 곳인데, 이곳에서 의미는 좀 다르다. 그곳은 술을 마시는 주점이며 간식을 먹는 분식집이고 식사를 하는 식당이다. 또한 동네의 많은 이야기를 듣는 마을회관의 역할도 한다.

남산에서 흘러내려오는 물을 끓여 목욕탕을 운영하던 청계대중탕은 지하철이 개통된 뒤 물길이 끊어지자 운영을 중단했다.

모녀가 함께 운영하는 구멍가게의 연세가 지긋한 어머니는 아이스크림을 좋아하고, 40대 후반의 딸은 라디오를 듣거나 법률·의학·경제 등의 전문서적을 읽으며 소일한다는 이야기도 무척 유쾌했다. 입정동에서 태어나고 자란 딸은 지금은 없어진 영희초등학교를 다녔고 지금은 이전한 숭의여고를 다녔다.

친구들은 모두 이사했고, 입정동이 아주 잘나갈 때는 일주일에 담배를 150만 원어치나 팔았다고 한다. 지금은 예전 같지 않고 주로 사람들이 가게 앞에서 막걸리, 소주, 맥주 등을 마신다. 세기슈퍼 역시 50년 가까이 영업을 했지만, 지금은 김밥이나 분식류를 판다. 주민들은 1970년대의 호황을 회고하며, 그때는 매일 야근과 철야를 했으며 한 달에 두 번밖에는 쉬지 못했다고 이야기한다.

그 만남을 통해 학생들에게는 자신들이 만난 실명의 존재들과 장소에 대한 자각이 생겨났다. 그래서인지 이 동네는 개발을 하지 말고 꼭 그대로 두어야 한다고 조금 흥분하기도 했다.

아직 누군가 사는 집이 한 채 남아 있었고, 하루 종일 일을 하고 음악을 듣고 밥을 먹고 커피를 마시는 일상이 있는 곳이 어둠이 내린 폐허 속으로 들어간 줄 알았는데, 그곳은 사람들이 사는 곳이었고 사람들의 체온이 느껴지는 일종의 생태계와도 같았다.

도시란 개발의 대상이 아니고 자본의 꽃밭도 아니다. 사람들이 모이는 곳이고 사람들이 사는 곳이다. 인간에 대한 약간의 존경과 시간에 대한 경외가 있다면, 도시의 진정한 모습을 알기 위해 가장 먼저, 그 안으로 천천히 들어가보기를 권한다(2021년 9월 서울시는 입정동 237번지 일대 수표 구역의 노후한 공구거리를 재개발하기로 결정했다).

자유와 저항을 노래하다

클럽

홍대 앞 지하실, 공연장이 되다

홍대 앞이라는 단어에서는 '홍대'보다는 '앞'에 의미가 있다. 홍대라는 단어는 고작 어깨만을 빌려줄 뿐이다. 예전에 서울에서도 북쪽 끝에 살던 시절 홍대 앞에 갔다가 처음 보는 교복들과 집들의 모양과 서림제과의 팥빙수에 홀딱 빠져서, 결국 홍대 안과 앞과 옆으로 전전하는 생활을 20여 년 동안 했다.

학교 앞 작업실에서 선후배와 동기들과 모여 매일 밤을 새우느라 수업은 거의 못 들어가기도 했는데, 점점 집들이 사라지고 화실과 카페들이 들어차면서 우리의 작업실은 매년 한 정거장씩 바깥쪽으로 빠질 수밖에 없었다. 동네가 뜨는 바람에 집세가 나날이 오르고, 먹고 입고 흔드는 가게들의 등쌀에 버틸 수 없어서였는지 결국 서림제과는 문을 닫았고, 홍대 앞은 허우대가 멀쩡한 채 속없이 남 하자는 대로 하는 이리저리 끌려다니는 모양새라 영 마음이 편치 않았다. 그것도 일종의 영역 지키기 같은 감정인지, 무언가를 빼앗기는 듯한 기분이 들기도 했다.

10여 년 전 어느 봄날 밤에, 홍대 앞에 있는 클럽에 갔다. 굳이 분류하자면 클럽에는 춤추며 노는 곳과 음악을 즐기며 노는 곳이 있는데, 그날 찾아간 클럽 '타'라는 곳은 밴드 공연을 주로 하는 이를테면 작은 공연장이었다. 가보니 예전에 아는 친구의 작업실이었던 지하실이었다.

주로 젊은이들이 드글거린다는 그 공간에 간 것은 시인이자 홍대 앞 밴드 1세대인 '3호선 버터플라이'의 기타리스트 성기완의 『홍대 앞 새벽 세 시』 출간 기념회에 초대된 덕분이었다. 그가 예전에 교보문고 웹진에 연재했던 기가 막힌 글들을 모으고 홍대 앞에서 서식하는 정체를 알 수 없는 다양한 인종을 돋보기를 통해 들여다보고 쓴 책이다. 그 돋보기는 글씨를 확대하기도 하고, 햇빛을 모으기

© 클럽 타

홍대 앞의 어둡고 습한 지하실은 10센티나 장기하 같은 뮤지션들이 처음에 그랬듯이 음악을 하고픈 신인들이 설 무대를 만들어주었다. 2016년 홍대 앞 클럽 '타'에서 열린 공연 모습.

도 하고, 사람의 속을 들여다보기도 한다.

어느덧 그도 원로가 된 모양이었다. 사람들이 모여서 아무 데나 앉고, 책의 한 대목을 읽으면 방금 들었던 책 속의 사람이 요술처럼 튀어나와 노래를 세 곡이나 네 곡 부르는 것이다. 뜻밖의 연출에 흥이 나서 우리끼리 이럴 때 "황신혜밴드나 오면 좋잖아!" 하고 속삭이는데, 세 번째인가 방금 바로 앞에 앉아서 기타 튜닝 하던 평범해 보이던 뒷모습의 중년 남자가 갑자기 안경을 벗고 선글라스를 장착하더니 황신혜밴드로 바뀌는 것이 아닌가.

그때 내가 살고 있던, 내가 일하던 바로 그 땅 밑에서 저런 사람들이 생겨나서 관점을 만들고, 방편을 만들고, 어느새 나이 먹어 후배들을 평하고 북돋아주기까지 했던 것이다. 파티는 새벽 3시까지 이어질 것이라고 했는데, 버티지 못하고 12시쯤 아쉬운 마음으로 그 자리를 떠났다.

홍대 앞이 나날이 잘나가는 동네가 되면서 소위 젠트리피케이션이 심각해져 클럽들이 하나둘씩 사라진다는 풍문이 들리더니, 결국 클럽 '타'도 문을 닫게 되었다는 소식을 들었다. 너무나 높아진 임대료를 감당하지 못한 것 아니냐고, 이 정도 문화공간조차 지키지 못하는 우울한 현실에 대해 모두 개탄하는 와중에, 정작 운영자가 밝힌 이유는 "신나지 않아서"라고 한다. 온갖 오디션 프로그램을 통해 공중파에서 바로 데뷔할 수 있는 매력적인 시스템이 갖춰진 지금은, 10센티나 장기하 같은 뮤지션들이 처음에 그랬듯이 음악을 하고픈 신인들이 설 무대를 만들어주는 보람이 없다는 것이다.

'신나지 않아서'라는 대목에 고개가 끄덕여진다. 어느 텔레비전 프로그램에서 지금은 록 페스티벌 메인으로 서는 대표 밴드가 된 국카스텐도 처음에는 홍대 앞 클럽에서 사람 하나 없는 객석에 놓인 의자들에게 인사하며 공연했다는 이야기를 들었다. 단지 좋아서, 신나서, 그 어둡고 습한 지하실을 뒤집을 듯 쿵쿵 울리는 음악을 그들은 하고 우리는 들었던 것이다.

젊음과 저항의 상징

록 음악은 약간 퇴폐적인 복장의 젊은이들이 머리를 치렁거리며 아주 시끄러운 굉음을 울리며 정신을 빼놓는 음악이다. 사실 음악이라기보다는 소음에 가깝다. 어른들이 듣는 가요만 듣다가 고등학교에 들어가면서 라디오를 옆에 끼고 앉아 음악을 듣기 시작했다. 다양한 기기로 어릴 때부터 다양한 음악을 즐기는 요즘과 비교해보면 무척 늦은 발육이었다.

별다른 정보가 없었던지라 라디오의 디제이가 불러주는 '말씀'이 복음이었다. 그리고 들은 지식으로 동네 레코드 가게에 가서 싸구려 '빽판(해적판)'을 사고 그것을 집에 있는 오래된 전축에 올려놓고 듣고 가사를 외웠다. 그러다 남들이 잘 모르는 밴드나 노래를 필살기로 삼기도 하는 참 치기 어린 취미였다.

그중에는 밴드를 만들겠다고 기타를 치고 드럼을 배우는 친구들도 있었으나 나는 소극적인 소비자에 지나지 않았다. 그렇게 비틀스The Beatles를 열심히 듣고 공부하고 지미 헨드릭스Jimi Hendrix를 좋아했지만, 그들은 이미 세상에 없는 전설들일 뿐이었다. 그 대신 전성기의 록 밴드인 레드 제플린Led Zeppelin의 음악을 열심히 들었다. 펄펄 나는 그들의 공연을 보고 뜨거움을 느껴 보고 싶어도, 우리나라의 사정이 그다지 좋을 때가 아니라서 세계적인 밴드들은 바로 옆 일본까지 왔다가도 비행기 1시간 거리인 우리나라로 오는 경우는 한 번도 없었다.

영상으로 보는 것은 거의 불가능했고 단지 귀를 통해 디제이가 전해주는 그들의 공연 실황과 조악한 품질로 인쇄된 팝송 잡지의 흑백사진을 통해서만 대강 분위기와 열기를 느낄 수밖에 없었다. 말하자면 바래서 희미한 윤곽만 남아 있는 그림을 보고 빈 곳을 상상력으로 완성하는 행위와 비슷했다.

그렇게 레코드판이 닳도록(물론 빽판은 쉽게 닳는다), 레코드 바늘이 닳도록 듣고 또 들었다. 비틀스나 레드 제플린이나 어차피 우리가 만날 수 없기는 마찬가지였지만, 그래도 동시대와 동시간을 공유한다는 막연한 동지 의식 같은 것이 있었다.

내가 고등학교를 졸업한 해에 드러머 존 본햄John Bonham이 사망하고 레드 제플린은 해체된다. 그때 나도 음악을 접었다. 물론 음악을 듣기만 하면서 접고 말고 할 것은 없었지만, 그래도 왠지 그것이 예의일 것 같다는 생각을 했다.

그리고 시간이 참 많이 흘렀다. 다시 음악을 열심히 듣게 된 계기 중 하나는 유튜브의 등장이다. 너무나 궁금했던 과거의 공연 영상들을 무료로 고화질에 컴퓨터로, 스마트폰으로, 텔레비전으로, 손가락만 놀리면 편하게 골라 볼 수 있는 시대가 온 것이다.

언제부터인가 이름 높은 외국 밴드들이 자주 우리나라에 와서 공연을 하기 시작했다. 올림픽이 끝나고는 용도가 마땅치 않을 것 같았던 운동장이나 체육관들이 수천 명, 수만 명이 모여서 열광하는 스포츠 경기를 위해 만들어진 운동장이나 체육관이 수천 명 혹은 수만 명을 모아놓고 공연을 하는 록 음악의 공연장으로 전용되고 있다. 2017년 10월 메탈리카의 영국 런던 공연 장면.

대중음악 공연장이 되었다. 나는 야구 경기가 아닌 서태지를 보러 잠실운동장을 몇 번이나 다녀왔고, 2017년 1월 메탈리카Metallica 내한 공연도 구경했다.

메탈리카 공연은 '별로 그런 거 들을 것 같지 않은 사람들'의 입에까지 오르내렸는데, 공연장은 서울을 연고로 하는 프로야구 구단 넥센 히어로즈(현재 키움 히어로즈)의 홈구장인 고척 스카이돔이었다. 일본의 후지 록 페스티벌이 스키장에서 열리듯 스포츠 경기를 위해 만들어진 공간이 록 음악의 공연장으로 전용되는 것은 이제 일상적인 일이 되었다.

들판으로 나간 록의 창조자와 소비자들

여름마다 록 페스티벌 한두 개쯤 다녀오겠다는 사람이 무척 늘었다. 1960년대에 시작된 록 페스티벌이 우리나라에 등장한 것은 1999년 인천에서 열렸던 '트라이포트 록 페스티벌' 이후부터라고 한다. 현재 매년 열리고 있는 인천 펜타포트 록 페스티벌의 전신인데(2020년과 2021년은 온라인으로 진행되었다), 미국의 우드스톡 페스티벌과 영국의 글래스톤베리 페스티벌처럼 국제적인 대형 페스티벌로 만들고자 크래쉬, 김경호, 부활 등 국내 밴드와 딥 퍼플Deep Purple, 프로디지Prodigy 등 세계적인 밴드들을 초청했으나, 기상 악화와 공연 취소 등으로 썩 성공적인 결말을 보지는 못했다.

그러나 이후 부산 국제 록 페스티벌, 서태지 컴퍼니의 ETP 페스티벌, 지산 리조트와 안산을 오가며 개최된 밸리 록 페스티벌 등이 열리게 되었다. 그리고 매년 여름이 되면 고르기 힘들 정도로 다양한 록 페스티벌이 우리를 찾아온다. 바닷가에서 열리는 부산이나 인천 펜타포트, 산속에서 열리는 지산 밸리 록 페스티벌이 야외형 페스티벌이라면, 한강 난지공원에서 봄에 열리는 그린 플러그드 페스티벌, 가을에 열리는 렛츠록 페스티벌은 도심형 페스티벌이다.

도심형 페스티벌은 2000년에 로커로 다시 컴백한 서태지가 기획한 ETP 페스티벌이 시초인데, 서울 잠실운동장에서 림프 비즈킷Limp Bizkit 등의 라이브를 듣게 될 거라고 예전에 말해주었다면 과연 누가 믿어주었을까 싶다.

사실 세종문화회관이나 예술의전당처럼 클래식 음악을 감상할 수 있는 전문 공연장은 있어도, 대중음악 감상을 전문으로 하는 공연장은 올림픽홀과 서울 광진구에 있는 예스24 라이브홀 정도다.

대부분의 공연은 체육관이나 운동장 혹은 공원에서 열린다. 다른 분야 공연은 잘 모르겠지만, 록 공연은 주로 스탠딩으로 진행되기 때문에 수천 혹은 수만 명의 사람이 이런저런 걱정과 구속을 벗고 뛰면서 공연을 즐길 수 있는 공간이 필요하기 때문일 것이다.

록 페스티벌의 흥행은 헤드라이너를 맡는 밴드의 이름이 좌우한다. 그래서 보통 라인업이 공개되지 않는 블라인드 티켓팅부터 시작해서 주기적으로 출연진을 공개하며 관심을 높여나간다. 물론 아주 유명한 밴드가 올 경우, 2016년 지산 밸리 록 페스티벌에서 레드 핫 칠리 페퍼스Red Hot Chili Peppers를 가장 먼저 공개해 화제성을 높인 것처럼 처음부터 발표하기도 한다.

공연은 낮부터 시작되는데 이름값이 높은 밴드일수록 뒤로 배치되고 시간도 많이 배정된다. 뚝딱거리며 며칠 만에 광장에 만들어진 무대에 조명이 켜지고, 폭죽이 터지고, 한낮에 흘린 땀을 식힐 맥주를 들이켜며 사람들은 음악에 몸을 맡긴다.

홍대 앞의 클럽들이 하나둘 문을 닫고, 힙합이 한국 대중음악의 주류가 되고, 아이돌 산업이 국가 기간산업 대접을 받는 와중에도, 수만 명의 젊은이가 록 페스티벌로 달려가는 이유는 무엇일까? 그곳에서 일상을 벗어난 자유와 저항을 노래하는 음악의 공간을 구축

우리의 핏속에 있는 능동적인 공연 문화의 전통은 해외 뮤지션들의 별로 유명하지 않은 곡까지도 따라 부르게 한다. 2011년 지산 밸리 록 페스티벌 장면.

하는 것은 건축이 아니라 사람이다. 공간을 만들어놓고 사람을 모아 행위를 정해주고 구속하는 방식이 아니라 사람들의 행위가 자연과 건축의 경계를 지우는 것이다.

넓은 들판을 가득 메우며 사람들이 모여 노래를 들으며 고개를 흔들고 팔을 휘젓는 모습은 일종의 제례祭禮처럼 보이기도 하는데, 그것은 실내에서 귀로 듣고 가슴으로 공명하며 듣는 것이 아니라 몸으로 듣는 방식이다. 더 원시적이며 더 근본에 가까운 음악의 창조와 소비 행위인 것이다.

해외에서 온 뮤지션들은 우리나라 청중들이 음악을 소비하는 자세에 놀란다고 한다. 별로 유명하지 않은 곡까지도 모두 따라 부르며 심지어 곡 중간의 기타 간주까지 따라 한다고 하니 그럴 만도 하다. 그것은 우리의 핏속에 있는 능동적인 공연 문화의 전통에서 나오는 것이 아닌가 하는 생각이 들기도 한다. 무대와 객석이 없고 중간에 추임새를 넣으며 적극적으로 공연에 참여하는 우리의 오랜 전통이, 경계가 없는 들판에서 이루어지는 록 페스티벌에서 아주 자연스럽게 재현되고 있다.

예술과 문화가 넘치다

홍대 앞과 낙원상가

우리를 사로잡는 것들

매혹魅惑된다는 것은 사로잡힘을 의미한다. 매혹은 어떤 것이 나를 보이지 않는 밧줄로 옭아매고 잡아당기거나 늦추면서 마음대로 끌고 다니며 놓아주지 않는 강력한 힘이다. 도깨비 혹은 사람의 마음을 사로잡는다는 의미의 '매魅'라는 글자는 뜻을 나타내는 귀신 귀鬼와 음을 나타내는 미未가 합쳐져 이루어진 것인데, 매혹·매료·매력 등 의지로는 저항할 수 없는 상태에 놓이는 사람의 마음을 표현한다.

우리는 무언가에 매혹당한다. 아름다운 용모에 매혹당하고 아름다운 목소리에 매혹당하고 아름다운 향기에 매혹당한다. 가령 나를 매혹시킨 것은 "달빛 속에 있는 네 얼굴 앞에서 내 얼굴은 한 장 얇은 피부가 되어 / 너를 칭찬하는 내 말씀이 발음하지 아니하고 / 미닫이를 간지르는 한숨처럼 동백 꽃밭 내음새 지니고 있는 / 네 머리털 속으로 기어들면서 모심드키 내 설움을 하나하나 심어가네나" 같은 이상의 시 「소영위제素榮爲題」 구절, 낮이 물러가고 점점 푸른 빛 어둠이 내려앉는 산책로에 하나둘씩 켜지는 가로등의 불빛들, 혹은 영화 〈로마의 휴일〉(1955년)에서 빛나던 오드리 헵번Audrey Hepburn의 순수한 미소 같은 것들이다. 그러나 그 무엇보다도 우리를 매혹하는 것은 단순히 하나의 요소가 아니라 여러 가지 요소가 만들어내는 분위기와 그것이 담긴 공간이다.

나를 매혹시켰던 장소들이 있다. 대학들이 모여 있어 대학가를 이루고 있던 서울 신촌이 그런 곳이었다. 어린 시절 신촌에서 멀지 않은 아현동에서 살았으나 신촌에는 고등학교 때 처음 가보았다. 물론 지금도 신촌은 젊음이 들끓고 활기가 흘러넘치는 곳이기는 하지만, 지나치게 상업화되어 번들거리는 요즘과는 사뭇 다른 대학의 낭만이 있었고 문화가 있었다.

서림제과가 있었던 홍익대학교 정문 앞의 내리막길은 고즈넉함과 예술적 분위기가
흘러넘쳤다.

나는 대입 시험을 앞두고 대학교 구경이나 가자는 친구의 말에 선뜻 함께 나섰는데, 가이드를 따라다니듯 그곳을 잘 아는 친구가 이끄는 대로 다녔다. 우리는 이화여자대학교 근처에서 연세대학교 쪽으로 가며 두리번두리번 이런저런 구경을 하다가 홍익대학교가 있는 서교동까지 흘러들어갔다.

그 친구는 서울 강서구 어딘가에 살고 있었는데, 신촌 언저리의 대학가 분위기에 대해 자기 집 어딘가를 소개해주는 듯 혹은 자신이 이룬 업적이라도 소개해주는 듯 아주 자랑스레 그러면서도 아주 장황하게 설명해주었다. 나는 그런 태도가 마음에 들지는 않았지만 처음 본 대학가의 분위기에 압도되어 순순히 친구의 뒤꽁무니를 따라다녔다.

우리는 언덕에서 왼쪽으로 방향을 틀어 철길 위를 가로지르는 다리를 건너, 그러고도 한참을 들어가 홍익대학교 근처에 도착했다. 그곳은 지나쳐온 다른 대학 주변과는 사뭇 다르게 고즈넉했다. 즐비한 화실과 작업실, 화방, 당시에는 드물었던 아주 작지만 분위기 있는 카페들, 골목 안쪽에 모던하고 세련된 단독주택들, 화구를 들고 다니는 학생들……. 정확한 의미도 모르면서 써먹는 '예술적'인 분위기가 양념이 깊숙이 배어든 음식과 같이 우리의 발이 닿는 곳

어디에서건 툭툭 튀어나왔다. 조금은 다른 나라 혹은 다른 시간 속에 들어가 있는 듯한 낯섦이 공기 중에 둥둥 떠다니며 사람을 사로잡았다.

그날은 몹시 더운 여름의 한복판이었다. 홍익대학교 정문 앞에서 친구는 나를 이끌고 내리막길이 시작되는 곳에 있는 서림제과라는 곳으로 데리고 들어갔다. 그곳에서 우리는 아주 시원한 팥빙수를 한 그릇씩 먹었다. 나는 그 차가운 느낌과 고즈넉한 분위기에 매혹당했다. 그리고 나는 결국 몇 년 후 홍익대학교에 들어가고야 말았다.

매혹의 장소들

내가 매혹된 장소는 그 이전에도 있었다. 동숭동, 지금은 대학로라고 불리는 곳에 원래는 서울대학교가 있었다. 나는 어릴 때 가끔 명륜동에서 종로5가 쪽으로 지나가는 버스를 타고 동숭동을 지나기도 했다. 해 지고 난 후 어둑어둑할 때에 그곳을 지나다 보면, 버스와 평행하게 얄따란 개천이 흐르고 그 개천을 건너는 다리 근처에 노점상들이 모여 있었다.

그들이 리어카 위에 켜놓은 카바이드 불빛과 그곳 주변으로 모여든 청년들이 만드는 풍경은 몽환적이었다. 그리고 그 개천 너머 고색창연한 건물이 보였다. 그곳이 서울대학교였다는 것을 그 대학이 1975년 여러 가지 정치적 이유로 '머나먼' 관악산 언저리로 옮겨지고 난 다음에야 알게 되었다.

그곳은 지금은 대학과는 상관없는 여러 가지 '여흥'으로 가득 들어찼다. 그러나 나와는 한 점의 관련도 없는 서울대학교의 추억은 나를 매혹시켰던 얇은 개천과 넓고도 깊었던 건물과 뿌연 카바이드 불빛으로 아주 또렷하게 남아 있다.

장소에 대한 매혹의 기억은 안국동에서 탑골공원으로 넘어가는 길, 즉 운현궁과 천도교 수운회관이 마주 보고 있는 길로 이어진다. 지금은 운현궁이 튼실하게 잘 복원되어 있고 길도 번듯하게 포장되고 가꾸어진, 넓지만 호젓한 길이다. 이곳은 행정구역명으로는 경운동과 운니동이 마주 보고 있는 곳으로, 1980년대 초에는 실험극장이라는 작지만 유명한 연극 극장이 있었다. 지금은 운현궁의 담벼락 역할을 하는 기다란 행랑이 면한 가로변에 자리했던, 아주 작고 허름한 건물이었다. 평범한 타일로 마감한 외벽에 세로로 한자로 쓰인 '실험극장實驗劇場'이라는 글자가 낱자로 하나씩 붙어 있었

ⓒ 조선일보

1975년에 개관한 실험극장은 150석 규모였지만, 관객 1만 명
돌파의 장기 공연을 기록하는 등 소극장운동의 효시가 된 곳이다.
외벽에 세로로 한자로 쓰인 '실험극장'이라는 글자가 인상적이다.

던 외관이 인상적이었다.

1975년에 개관한 실험극장은 150석 규모였지만, 최초로 예매 제도를 도입하고 관객 1만 명 돌파의 장기 공연을 기록하는 등 소극장운동의 효시가 된 곳이다. 나는 그곳으로 〈에쿠우스〉, 〈신의 아그네스〉, 〈아일랜드〉 등 장안의 화제가 되었던 연극들을 보러 가기도 했다. 그러나 1992년 운현궁 복원 계획으로 철거되고 극장은 강남으로 이전했다.

나는 어느 가을 연극을 보고 사람들과 우르르 몰려나오면서 맡았던 운니동의 공기와 그 호젓한 길의 분위기를, 지금도 문화가 풍겨내는 매혹적인 향기로 기억하고 있다. 문화란 그런 공기를 만들어내고 냄새를 만들어내며 감촉을 만들어낸다. 그 감각은 사람의 기분을 고양시키고 정서를 풍부하게 해준다. 실험극장은 사라졌지만, 다행히 그 주변은 운현궁이 복원되어 고쳐 지어진 것과 길가 몇 개의 건물을 조금 손본 것 외에는 길의 스케일이나 색이나 밀도가 크게 변하지 않고 지금까지 잘 유지되고 있다.

운현궁에서 종로 쪽으로 내려가다 보면 머리 위 허공에 커다란 건물이 둥실 떠 있고, 그 아래로 터널처럼 그늘이 잔뜩 고여 있는 길을 만나게 된다. 그 하늘에 떠 있는 성과도 같은 건물의 4층에는 허리우드극장이 있었다. 나는 1980년대 초에 재개봉된 〈로미오와 줄리엣〉을 그곳에서 뒤늦게 보게 되었고, 거기서 그 영화를 무려 다섯 번이나 보았다. 물론 영화도 재미있었고 여배우도 아름다웠지만 나는 그 동네가 좋았다. 버스를 타고 안국동에서 내려 운니동과 경운동 샛길을 걸어서 허리우드극장까지 추운 겨울에 걸어서 내려가기도 했다. 지금 생각하면 나는 영화나 연극보다 그 길과 그 공간에 매혹되었던 것 같다.

동네의 몰락과 낙원의 매혹

허리우드극장이 있는 낙원상가는 1969년에 도심부 재개발 사업의 일환으로 지어졌지만, 도로 위에 건물이 지어져서 서울시와 계속 마찰이 있었던 모양이다. 저층에는 상가가 있고, 중간에 커다란 테라스가 나오고, 그 위 고층부에는 아파트가 들어서 있는, 오래된 주상복합형 건물이다. 당시에는 화제가 되었지만, 이 건물 역시 세운상가처럼 금세 시들해지고 약간은 슬럼화되었다.

고등학교 때 코드 몇 개 외워서 치던 기타를 잊고 살다가 10여 년 전 아이의 특별활동 때문에 낙원상가에 갔던 적이 있다. 낙원상가 2층의 악기상들은 1970년대에 종로와 명동, 광화문 일대가 문화의 중심지 역할을 하면서 음악인들이 일자리를 구하러 모이는 일종의 악사 인력시장을 이루면서 1980년대 후반 서울올림픽의 개최와 통행금지 해제 등에 힘입어 꽤 호황을 누렸다고 한다. 그러나 1990년대 초반의 심야 영업시간 단축과 유흥업소 단속, 1990년대 후반 외환위기와 노래방 기기의 보급으로 급격히 사정이 나빠졌다. 한때의 찬란한 전성기를 보내고 이제는 물이 빠지고 풀기가 빠진 옷처럼 조금은 심드렁해진 곳이다.

낙원상가는 공간의 구성이나 복잡함이 용산에 있는 전자상가와 비슷하다. 건물의 양쪽으로 창문에 면한 곳에 점포들이 들어서 있고, 그 가운데 통로에도 물건들로 담을 쌓은 점포들이 빼곡히 들어서 있다. 다만 아무렇게나 쌓여 있는 그 물건들이 손만 대면 아름다운 소리가 은하수처럼 굽이쳐 흘러나오는 악기라는 점이 다르기도 하고 신선하기도 하다.

좁은 골목과도 같은 상가 안의 통로를 걷다 보면, 악기를 쌓아놓은 허름한 좌판에 점원이 앉아서 기타를 연주하고 바

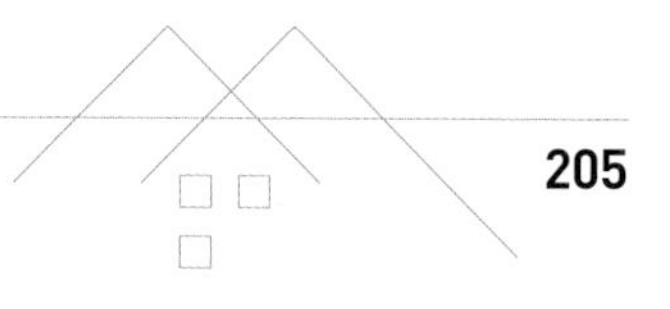

음악이 있고 많은 사람의 꿈이 있고 꺼지지 않는 열정의 불씨들이 남아 있기에
낙원상가는 이름 그대로의 '낙원'이다. 낙원상가 내 악기점에 있는 악기들.

이올린을 연주하는 소리가 곳곳에서 들려온다. 여러 곳에서 진행되는 음악회를 멀티비전으로 한꺼번에 틀어놓은 듯 다채로운 음악들이, 무채색의 공간에 화사한 활기를 불어넣는다.

그래서 나는 그곳이야말로 이름 그대로의 '낙원樂園'이라고 생각한다. 음악이 있고 많은 사람의 꿈이 있고 꺼지지 않는 열정의 불씨들이 남아 있기 때문이다. 나는 음악을 하는 사람도 아니고 악기를 잘 다루지도 못하면서, 인사동이나 종로를 지날 때 꼭 그곳을 거쳐 간다.

홍대 앞에도 가끔 간다. 대학을 입학한 후 집에도 들어가지 않고 작업실과 설계실에서 많은 시간을 보냈고, 졸업 후에도 사무실을 열었던 곳이다. 그러나 지금은 '홍익대 앞'이라는 지역과 위치를 가리키는 명칭이라기보다는 복잡한 의미의 고유명사 '홍대 앞'이 되어버린 곳이다.

이미 오래전 서림제과는 패스트푸드점이 되었고, 미처 치우지 못한, 지난밤 사람들이 먹고 마시고 놀면서 뿌리고 밟아놓은 전단과 음식물 찌꺼기들이 홍대 앞의 아침 풍경을 뒤덮는다. 화실과 화방 대신 패스트패션 숍과 카페와 술집과 클럽이 조용한 골목길과 주택가 깊은 곳까지 파고들어 활기차게 돌아가며, '예술적인 분위기' 대신 알 수 없는 욕망과 열기로 가득한 새로운 '핫 플레이스'를 만들어 낸다. 밤이고 낮이고 거리와 가게에 사람들이 그득하다. 지금도 홍대 앞은 누군가에겐 매혹을 주겠지만 나의 매혹은 사라져버렸다.

장소에 매혹되어 찾아가지만, 결국 나를 매혹시켰던 그 온기와 냄새와 분위기는 번번이 사라진다. 대학로도 마찬가지이고 북촌과 서촌 또한 마찬가지다. 좋은 장소에 일단 사람들이 몰려들면, 자본이 따라 들어오며 그 동네가 가지고 있는 성격이 깨끗이 지워져버린다.

'매혹적이었던' 동네들의 성장과 몰락의 과정은 일정한 패턴이 있다. 지가地價가 적당히 저렴하고 사람들이 별로 모이지 않아 밀도도 적당한 어떤 동네에 예술가들이 모여 아무도 주목하지 않는 동네에 조금씩 활기를 불어넣는다. 그러자 그곳에 갤러리가 들어오고, 뒤를 이어 커피숍과 같은 간단한 '근린생활시설'들이 들어온다. 그러고는 사진기를 들고 사람들이 몰려든다. 덩달아 지가와 임대료가 상승한다.

그러면 그 동네에 사람들이 모여들게 한, 그러나 가난한 예술가들은 자연스레 상승되는 거주 비용을 감당하지 못하고 밀려난다. 그 자리에 돈으로 무장한 자본이 들어앉는다. 마침내 문화의 내용이 빠져나가고 껍데기만 남은 동네는 아주 저렴하고 유치한 곳으로 변하게 되는 것이다. 그리고 힘을 잃어 더는 작물을 키워내지 못하는 땅처럼 폐기된다. 그것은 화전을 일구듯이 불을 질러 농사를 짓다가 땅의 기운이 다하면 버리고 다른 경작지를 찾는 것과도 같다.

홍청거리고 화려해지고 사람들이 몰려들어가는 곳을 보면 나는 그런 아슬아슬함을 느낀다. 마음속 깊이 숨겨둔 매혹의 장소들을 떠올릴 때마다 마음을 졸이며, 언제 또 광풍이 불어 쓸려나가지 않을까 걱정하며 조마조마한 마음으로 지켜본다.

사람에 대한 배려

서울로 7017

도시의 성장 과정

미국 뉴욕 도시 한복판에 낡아서 용도 폐기한 고가철도를 이용해 오랜 논의 끝에 높이 9미터, 길이 2.5킬로미터의 공중정원으로 재탄생시킨 '하이라인 파크'가 있다. 그곳은 21세기로 접어들며 가장 화제가 되었던 도시적 사건들이 있었다. 또한 낡은 것을 폐기하며 개선이니 개혁이니 하는 명목을 들이대던 개발 지상주의자 혹은 '토건 세력'의 독주를 멈추게 하는 일이기도 했다.

2019년 봄, 전 세계에 코로나 바이러스가 창궐하기 전에 뉴욕에 갔던 적이 있다. 잘 알다시피 뉴욕은 연암 박지원이 『열하일기』를 쓸 무렵의 베이징과 같은 곳이며 세계의 수도 역할을 하는 곳이다. 『열하일기』를 보면 박지원은 국경에서부터 이미 앞선 문화에 대한 감동을 받기 시작해 베이징에 이르러 그 감동이 절정에 이른다.

그렇지만 무척 냉철한 지식인답게 여행의 말미에는 이성을 되찾고 중국의 화려함의 이면에 대해 성찰하기 시작하는데, 뉴욕은 그럴 것도 없었다. 미국에 출장 대신 관광으로 뉴욕, 특히 맨해튼을 간 것은 처음이었는데, 박지원이 받은 정도의 감동이나 충격은 없었다. 큰 덩치의 건물이나 화려한 현대건축은 여러 겹 덧칠한 페인트처럼 요란한 색으로 눈을 현혹하기는 했지만, 그 색이 그렇게 생생하지 않았다.

그것은 정말 예상과는 다른 느낌이었다. 일주일 동안 머물며 익히 듣고 사진으로 많이 봐서 친숙한 타임스스퀘어를 동네 공원을 지나듯 매일 스쳐갔는데, 연말에 텔레비전을 통해 보았던 격정도 화려함도 없었고 적당히 낡아 있어 덤덤했다. 방금 환호를 받으며 공연이 끝나고 내려진 막 뒤의 풍경 같았다.

그런데 그 느낌이 싫다거나 실망스럽지는 않았고 오히려 예상과 달리 인간미가 느껴져 좋았다. 생겨난 지 그리 오래되지 않은 도시

뉴욕 하이라인 파크는 도시 한복판에 낡아서 용도 폐기한 고가철도를 이용해 공중정원으로 재탄생시킨 곳이다.

에 연륜이 쌓이고 과거와 현재의 조화가 만들어지는 도시의 성장 과정이라는 생각도 들었다.

마침 꽃이 만발하는 좋은 봄날이라 '하이라인 파크'로 향했다. 맨해튼의 서쪽으로 흘러가는 허드슨강을 끼고 한참 걷다 보니 28조 원을 투입해 열심히 재개발을 하고 있는 허드슨 야드가 나오고, 그 중심에 베슬Vessel이라는 나뭇가지로 성글게 짠 바구니처럼 생긴 조형물이 보였다. 토머스 헤더윅Thomas Heatherwick이라는 영국 디자이너가 설계한 2,500개의 계단으로 구성된 전망대로, 그 계단을 오르면서 보는 허드슨강의 강변 풍경이 좋아 많은 사람이 몰리는 장소다.

우리가 방문했을 때도 사람이 너무 많아 먼발치에서만 보았을 뿐 그곳에 오를 엄두를 내지 못했다. 그러나 투신 사건들이 연이어 일어나며 영구 폐쇄되었다는 슬픈 소식이 전해졌다. 베슬을 끼고 돌아서면서 하이라인에 올라섰다.

산업화 시대 이후에 남겨진 도시의 유산들

원래 하이라인은 기차가 도심을 통과하며 공장이나 창고와 직접 연결될 수 있도록 건설된 고가철도였다. 1934년에 개통되어 잘 사용되다가 다른 운송수단의 발달로 점점 그 효용가치가 사라져 결국 1980년 이후에는 흉물스럽게 방치되어 철거에 대한 논란이 계속되고 있었다.

그러던 중 1999년 하이라인 근처 주민인 조슈아 데이비드Joshua David와 로버트 해먼드Robert Hammond에 의해 '하이라인의 친구들Friends of the High Line'이라는 시민단체가 설립되면서, 철도를 보존해 주변의 건축물과 도시의 전망을 살리는 공원으로 만들자는 주장이 펼쳐진다.

'하이라인 파크' 사업은 2004년 설계 공모가 실시되어 52개 팀 중 조경회사인 제임스 코너 오브 필드 오퍼레이션James Corner of Field Operations과 건축가 딜러 스코피디오+렌프로Diller Scofidio+Renfro, 조경가 피트 아우돌프Piet Oudolf의 공동 작업이 당선되었다. 공사는 2006년부터 3단계에 걸쳐 시행되어 2014년 9월 완성되었다.

그곳을 걷고 있는 수많은 시민 혹은 관광객과 함께 건물들의 옆구리를 따라가다 첼시Chelsea 마켓 근처에서 내렸다. 중간중간 자하 하디드 같은 유명 건축가의 신축 건물과 오래된 건물을 비교하며 구경하는 재미도 있었지만, 무엇보다 도시를 바라보는 새로운 시선을 경험하는 것이 신선했다. 하늘에 떠 있는 공중정원을 걸으며 도시의 바쁜 일상을 관통하는 산책은 일반적인 공원에서 느끼는 것과는 전혀 다른 새롭고 색다른 영감을 불러일으켰다.

도시형 공중정원의 원래 아이디어는 1993년에 만들어진 프랑스 파리의 '프롬나드 플랑테'에서 영감을 얻은 것이다. '가로수 산책길'을 의미하는 이 공원은 파리 12구역의 옛 뱅센 철도 위에 지어진 4.7킬로미터 길이의 공원이다. 1859년에 개통되어 1969년까지 운행된 철도의 일부는 나중에 다른 노선에 통합되고, 남겨진 구간을 대상으로 1980년대 이후 재생 사업이 이루어졌다. 조경가 자크 베르즐리Jacques Vergely와 건축가 필리프 마티외Philippe Mathieux의 설계로 이루어진 프롬나드 플랑테는 하이라인이 생기기 전에는 세계에서 유일한 고가도로 위 공원이었다.

하이라인이 보여준 성공적인 도시 재생과 수많은 관광객까지 불러 모으는 경제적 효과에 매혹된 여러 도시가 제2, 제3의 하이라인을 건설하고 있다. 시카고, 디트로이트 등 미국에서만도 10여 개 이상의 도시와 네덜란드 로테르담, 멕시코 멕시코시티 등 여러 나라의 도시에서 사용이 끝난 철도나 고가도로를 대상으로 비슷한 프로젝트들을 진행했거나 진행 중이다.

미국 맨해튼 하이라인 파크의 원조 격인 프랑스 파리의
'프롬나드 플랑테'는 '가로수 산책길'을 의미한다.
이 공원은 파리 12구역의 옛 뱅센 철도 위에 지어진
4.7킬로미터 길이의 공원이다.

예전에 길을 다니다 보던 표어 중 '자나 깨나 불조심, 꺼진 불도 다시 보자'만큼 흔했던 '도시는 선이다'라는 것이 있었다. 도시에 대한 진지하고 엄숙한 선언처럼 보였던 그 문장은 멋지고 장엄했지만, 대체 그래서 어쩌라는 건지 알기는 힘들었다. 서울은 선 중에서도 유독 직선으로 구획하고 썰어내고 잘라 올리면서 도시를 가다듬어왔다. 길을 곧게 내고 자동차를 불러들이고 속도를 높이다 보니, 자전거·유모차·휠체어·사람 등은 알아서 자동차의 속도에 방해가 되지 않는 길을 찾아 돌아다녀야 했다.

그때 나온 것이 육교였고 지하도였다. 1960년대 말에서 1970년대 초까지 서울에는 많은 공중의 도로가 건설되었다. 대부분 김현옥 시장 시절에 만들어진 것이다. 그 구상은 1964년 올림픽을 위한 일본 도쿄의 고가도로 건설의 영향을 받았는데, 지근거리에서 조언을 해준 이가 당시 한국종합기술개발공사 부사장직을 수행 중이던 건축가 김수근이라고 한다.

말하자면 서울이라는 도시를 지배하는 기본 정신의 가장 꼭대기에는 '속도'라는 것이 자리하고 있다. 그것은 자동차의 속도를 의미한다. 아마 자동차가 2만 5,000대밖에 되지 않던 1960년대의 서울을 디자인한 '불도저(김현옥)', '황야의 총잡이(구자춘)' 시장들이 생각한 도시는 그런 모습이었고, 그들이 생각했던 '선'이란 주변을 살피지 않고 목표를 위해 광속으로 달리는 그런 선이었던 모양이다.

도시의 속도, 사람의 속도

어릴 때 우리는 육교를 '구름다리'라고 부르며, 새로 생긴 구름다리를 구경하러 아이들과 몰려가기도 했다. 새로운 시점으로 도시를 내려다보는 것은 아주 신기하고 재미있는 구경이었다. 고가도로들은 평평하던 도시가 점차 입체적으로 개발되는 신호탄 역할을 했는데, 최초의 고가도로는 1968년 9월 19일에 개통되었던 길이 940미터의 아현고가도로였다. 나는 그때 고가도로가 길 위로 건설되는 모습을 지켜보았는데, 우람한 교각과 크게 휘어진 길의 느낌이 아주 인상적이었다.

세월이 흘러 도시의 결이 달라지고 시대의 상황이 달라지는 바람에, 주변이 슬럼화되고 지역 경관을 해친다는 평가와 보수하기에는 너무 많은 비용이 든다는 현실적인 판단에 의해 아현고가도로는 2014년 봄, 한 달 만에 철거되었다.

1969년 3월 22일에는 청계(삼일)고가도로가 완공되었다. 복개된 청계천 위로 활기차게 뻗어 있던 청계고가도로는 당시에 높은 빌딩이 별로 없는 서울의 하늘을 날아다니는 것 같은 공중의 길이었다. 어릴 때 간혹 택시를 타고 청계천 끄트머리에서 고가도로로 서울을 횡단하던 때의 짜릿함이 지금도 생생하다. 삼일빌딩 앞에서 크게 좌회전하며 명동성당 쪽으로 꺾어질 때는 청룡열차를 타는 기분이었다.

그리고 같은 날에 퇴계로에서 만리동 쪽으로 넘어가는 고가도로가 착공되었다. 퇴계로에서 만리동이나 아현동으로 가자면 서울역 앞으로 해서 염천교를 넘어 빙 돌아가던 길을 단축하는 서울역 고가도로였다.

서울의 고가도로는 모두 속도를 위한 장치였기에, 속도를 내지 못하는 고가도로는 존재 의미가 없는 것이었다. 그런 시원함과 짜릿함이 금세 상하는 여름철 채소와 같이 너무나도 빨리 시들어버렸다. 이제 서울의 애물단지가 되어버린 고가도로들은 늘 차들을 가득 담고 있는 공중의 주차장 노릇을 하다가 장렬히 하나둘씩 세상에서 사라지고 있다.

그런 아쉬움 때문인지 낡은 고가도로를 철거할 때마다 “하이라인처럼 고치자"는 이야기가 불쑥불쑥 솟아나고, 하이라인은 어쩌고 하며 아쉬워하는 긴 탄식의 소리가 들려오기도 했다. 엉뚱한 데서 신속한 우리나라 행정의 실행력은 종종 오래되고 정든 것을 다 먹고 난 잔칫상 치우듯 매몰차게 빠른 속도로 치워버리기도 하는데, 외국의 성공 사례를 그대로 답습하고자 하는 빈약한 상상력은 더욱 문제다.

1970년에 준공된 서울역 고가도로도 여러 차례의 안전진단 결과 철거가 불가피한 수준(D등급)으로 파악되어 철거와 주변 도로 개선을 위한 계획이 수립되던 중, 도시 인프라 이상의 역사적 가치와 의미를 갖는 산업화 시대의 유산으로 재생하자는 계획으로 전환되었다. 결국 국제 현상 공모가 실시되었고, 네덜란드의 건축가 비니 마스Winy Maas의 계획안이 당선되어 2017년 5월 완성되었다.

계획을 세우는 데 6년, 설계 공모부터 완성에 10여 년이 걸린 하이라인에 비해 2년이라는 짧은 시간 내에 완성된 '서울로 7017'은 속도를 버리고 도시의 여유를 되찾는다는 취지에 비하면 여러 아쉬움이 남는다. 이후에도 곳곳에서 쓰임이 다한 철도나 고가도로를 공원이나 산책로로 탈바꿈시키는 일들이 유행처럼 번지고 있다. '길'을 통해 휴식의 공간이자 명소를 만든다는 게 자칫 뻔한 개발의

2년이라는 짧은 시간 내에 완성된 '서울로 7017'은 속도를 버리고 도시의 여유를 되찾는다는 취지에 비하면 여러 아쉬움이 남는다.

또 다른 형식이 되는 것은 경계해야 할 일이다.

'혁명'으로 일컬어지던 시대를 가로지르며 '현대'와 '발전'을 상징하던 것들, 가령 공장이나 철도 같은 산업 기반 시설들이 불과 한두 세기 만에 퇴물 취급을 받고 철거되거나 재생 대상의 유산으로 간주되고 있는 것은 우리가 그토록 열광했던 '속도'의 아이러니다. 조지 스티븐슨George Stephenson이 증기기관차를 만든 것이 약 200년 전이고, 1825년 영국에서 처음 철도가 개통된 이래 약 100년간 세계는 오직 더욱더 빠른 속도를 얻기 위해 달려왔다.

그렇게 도시로 수많은 사람을 끌어들여 이른바 근대적 삶의 형식을 이끌었던 공장들이 기계 대신 예술 작품이 가득한 미술관이 되고, 기차가 더는 달리지 않는 선로가 꽃과 풀이 가득한 녹지가 되기까지 모범적이고 성공적인 사례들의 이면에는 충분한 주민 의견 수렴과 공감대가 형성되도록 한 오랜 시간의 노력이 있었다.

프롬나드 플랑테나 하이라인 파크는 그곳이 단지 잘 꾸며진 공원이어서가 아니라 도시가 만들어지고 쇠락해간 시간의 역사를 보여주기 때문에 많은 사람의 마음을 움직이고 발길을 이끈다. 사람들은 그곳에서 과거를 기억하고, 현재의 도시 풍경을 읽게 되는 것이다.

제4장

자연을 담다
휴식의 공간

오아시스를 만나다

아미티스 가든

세상에서 가장 어려운 일은 과로를 피하는 것

유난히도 추웠던 겨울을 지내며 몸의 여러 부분에서 이상 징후가 나타나 단골 한의원에 갔다. 평소에 말이 없고 필요한 말만 툭 던지던 한의사는 나를 보며 아주 간명하게 진단을 내려주었다. “과로예요.” 그리고 그날따라 기분이 좋았는지 한마디 더 해주었다. “세상에서 가장 어려운 일이 과로를 피하는 일이에요.”

휴식은 하던 일을 잠깐 멈추고 쉬는 상태를 이른다. 그런데 그게 너무나도 힘든 일이다. 어느 날 성공한 기업가라 늘 여유가 있어 보이던 건축주가 함께 저녁을 먹으며 나에게 매일매일 힘들다며, 아침마다 오늘은 쉬고 싶다는 생각을 한다고 말했다. 누구에게나 매일 새로운 어려움이 닥치고, 예상치 못한 괴로움이 불쑥 찾아온다.

쉬지 못하는, 힘들고 피곤한 삶이 이어지는 것은 모든 것이 변하기 때문일 것이고, 그래서 세상을 사는 지혜란 변화에 적응하는 방법에 관한 것일 것이다. 변화를 인정하고, 인정하는 것을 넘어서 각자 시대를 이해하고 스스로 변화하고 혁신하며 살아가야 한다는 것을 누구나 알고 있다.

그러나 막상 변화를 보는 일, 겪는 일에는 상당한 두려움이 따르고, 힘들거나 괴로울 때도 많이 있다. 사회의 갈등이라는 것도 결국은 그런 변화를 수용하는 인식과 자세의 차이다. 헤어스타일이 변하고 옷을 입는 모양이 달라지고 기호품이 바뀌고, 나아가 결혼관이 바뀌고 심지어 가족의 형태도 많이 변하고 있다.

그런 와중에 가장 크게 느낄 수 있는 것은 역시나 공간의 변화가 아닐까 생각한다. 특히 내가 살았던 혹은 자랐던 공간이 변하는 것은 조금은 괴롭고 쓸쓸해지는 일이다. 간혹 내가 잘 아는 장소인데 오랜만에 갔다가 그 안에서 길을 잃어버릴 때가 있다. 그럴 때 무척 당황하게 된다. 물론 그런 일이 발전일 수도 있고 개선일 수도 있지만 마음이 편하지 않다. 요즘은 전국의 방방곡곡을 파헤치고 논과 밭을 갈아엎고 아파트를 세우는 세상이 되었지만, 그중 서울은 매우 변화가 심한 곳이다.

'홍대 앞'은 홍익대 앞이라는 일반명사에서 젊음이 드글드글 끓어 넘치는 곳이라는 의미가 포함된 서울 마포구 어떤 구역을 이르는 고유명사가 된 곳이다. 그리고 그 영역은 점점 넓어진다. 상수동과 서교동 언저리에서 이제는 동교동, 합정동, 망원동, 연남동까지 광개토대왕이 영토를 확장하듯 '홍대 앞'은 넓어진다.

그래서 몇 년 전까지 그냥 사람 사는 집들과 생필품을 파는 가게들만 있던 동네가 전혀 다른 동네로 바뀌어버렸다. 카페와 술집과 패션숍과 갤러리가 그득한 거리를 젊은이들이 보폭을 좁히고 양떼처럼 무리 지어서 거대한 덩어리가 되어 몰려다닌다.

한번은 홍대 앞에 있는 귀청이 찢어질 듯 음악이 나오는 클럽에 간 적이 있었다. 무대에서는 아까 지하철 역 계단을 가득 메우던, 잔뜩 뭉쳐놓아 뚱뚱해진 실뭉치처럼 한데 모여 느린 속도로 굼실굼실 함께 움직이던 젊은이들이 춤을 추는 것인지 사람들에게 밀려 움직이는 것인지 분간이 가지 않는 희미한 동작으로 움직이고 있었다.

정말 특이하다고 생각한 것은 춤을 추는 젊은이들의 표정이었다.

© 김용관

아미티스 가든은 지나친 상업주의에 물들어 사막화되어가고
있는 홍대 앞이라는 동네에 한숨 돌릴 수 있는 오아시스다.

그곳에 놀러왔음이 분명한데도, 그들은 매우 심각하고 사념적인 표정이었다. 그들은 과연 어떤 생각을 하면서 몸을 흔드는 것일까? 예전에 우리의 윗세대가 우리를 보면서 했던 생각을 나는 그들의 머리꼭지가 보이는 2층에서 내려다보며 반복하고 있었다. 그들에게는 진정 휴식이 필요해 보였고 마음의 평화가 필요해 보였다.

위로와 휴식이 필요한 시대

어느 시대건 편안한 시절은 없었을 것이다. 돌이켜보면 내가 태어나서 자라온 시간은 늘 변화와 충격과 결핍이 혼합되어 있었다. 그래서 나는 아주 이상한 공기를 맡으며 살았던 것 같다. 그런데 물질적으로 풍요로워지고 정치적으로도 훨씬 민주화가 된 지금 이 시대의 젊은이들도 무척 힘들어 보인다.

우리에게는 선택의 여지가 별로 없었고 고민할 필요도 별로 없었다. 그런데 그들에게는 너무 많은 선택지가 놓여 있지만, 어느 것도 자신에게 맞는 것이 없나 보다. 그뿐 아니다. 너무나 많은 공부와 정보에 일찌감치 세상에 대한 피로를 겪고 있는 것 같다.

젊음도 변한다. 나는 이제 기성세대가 된 지 한참 되었지만 아직도 내가 젊다는 착각을 하고 있다. 그것은 내 몸과 마음이 세월의 속도를 미처 쫓아가지 못해 생긴 착각일 것이다. 나는 1년 동안 사철나무숲이 있는 집에서 살았던 적이 있다. 1년 내내 푸른 잎을 달고 있는 나무들이 만들어놓은, 우산 속처럼 둥그런 내부를 가지고 있는 숲이었다. 지금은 그곳을 떠났고 다시 돌아갈 수 없지만, 읽을 때마다 그 숲이 생각나는 시가 있다.

「사철나무 그늘 아래 쉴 때는」이라는 시인데, 소설가이며 시인인 장정일의 첫 번째 시집 『햄버거에 대한 명상』을 열면 두 번째로 나온다. 그리고 내가 피곤할 때마다 장영수의 「수위실지기」에 이어 두 번째로 읽는 시다.

시가 내 뻐근한 등줄기를 토닥토닥 두드려줄 리 없고 석고처럼 단단하게 뭉친 내 어깨를 주물러줄 리 없지만, 시는 내게 위로를 준다. 말의 힘인지 경험의 힘인지 인식의 힘인지 잘 모르겠지만, 그런 글들이 간혹 있다. 생각을 정리하게 해준다거나 괜찮다고 직접 위로를 해주는 것은 아니지만, 시는 어딘가 마음 한구석에 구깃구깃 구겨져 있던 나의 자존감이라든가 자부심이라든가 열망 같은 것들에 대고 '호' 하며 입김을 불어주는 것 같다. 장정일의 시는 이렇게 시작된다.

"그랬으면 좋겠다 살다가 지친 사람들 / 가끔씩 사철나무 그늘 아래 쉴 때는 / 계절이 달아나지 않고 시간이 흐르지 않아 / 오랫동안 늙지 않고 배고픔과 실직 잠시라도 잊거나 / 그늘 아래 휴식한 만큼 아픈 일생이 아물어진다면 / 좋겠다 정말 그랬으면 좋겠다."

살면서 겪게 되는 크고 작은 시비들에 무력해지고, 내가 겪지도 듣지도 않았으면 좋을 것 같은 엽기적이고 저급한 소식들을 어쩔 수 없이 접하게 되고, 그 소식의 아래로 주르륵 달리는 익명의 힘을 빌려 함부로 뱉어내는 무서운 댓글들을 만나고, 그런 일들이 유리를 손톱으로 긁는 소음처럼 자꾸만 신경을 거스른다. 그렇게 편리와 속도로 위장하고 우리를 속이는 현실이라는 사막에서 시달리다 보면, 우리에게는 잠시 쉴 수 있는 오아시스가 간절해진다.

"바빌론 강가에 앉아 / 사철나무 그늘을 생각하며 우리는 / 눈물 흘렸지요."

장정일의 시는 「시편」 제137편 1절인 "우리가 바벨론의 여러 강변 거기에 앉아서 시온을 기억하며 울었도다"를 변용한 문장으로 마무리된다. 바빌론 강가에 앉아 눈물 흘린 사람들은 떠나온 고향을 생각하며 그리워하는 유대인들이다. 기원전 6세기에 바빌로니

© 김용관

시는 마음 한구석에 구겨져 있던 자존감이라든가 자부심이라든가 열망 같은 것들에 위로를 준다. 아미티스 가든의 성큰가든.

아의 왕 느부갓네살은 예루살렘을 공격해 함락하고 성전을 파괴했으며, 유대인들을 바빌로니아로 끌고 왔다. 그 사건은 '바빌론의 유수'라고 기록되었고, 그때의 이야기가 「시편」에 기록되어 있는 것이다.

정원에서 휴식하며 뒤를 돌아보다

그 무서운 느부갓네살은 바로 네부카드네자르 2세Nebuchnezzar II이며, 바빌로니아의 전성기를 이끌었던 왕이다. 그의 아내 아미티스Amitis는 메디아의 공주였다. 바빌로니아의 공중정원은 아미티스를 위해 만든 정원이다. 그런데 그 정원은 땅에 만들어진 것이 아니라 계단식 발코니 같은 구조물에 흙을 덮었다. 네부카드네자르 2세는 초목이 무성한 메디아에서 척박한 바빌로니아로 시집와서 환경에 적응하지 못하고 향수병에 걸린 아내를 위해 강물을 끌어들여 공중에 정원을 조성한 것이다.

공중정원이라는 말은 그 역사적 의미를 떠나 아주 묘한 상상을 불러일으킨다. 내게는 사막에 물을 길어 올려 정원을 가꿀 정도로 깊었던 왕비에 대한 애정에서 오는 로맨틱한 이미지보다는, 초현실적인 느낌으로 하늘을 둥둥 떠다니는 거대한 암석이 연상되었다. 예를 들면 미야자키 하야오宮崎駿의 애니메이션 중에 나오는 것 같은, 뿌리가 드러난 채 하늘을 둥둥 떠다니는 것 같은 장면 혹은 초현실주의 화가 르네 마그리트René Magritte의 〈피레네의 성〉(1959년)의 이미지가 떠오른다.

홍대 근처 반듯반듯하고 마당이 넓은 집들이 모여 있던 동네가, 커피 마시고 파스타 먹고 옷 사 입는 젊은이들이 모여드는 장소로 바뀌는 그런 곳 한가운데 넓은 정원이 있는 땅이 남아 있었다. 그곳에 건물을 새로 짓기 위해 설계를 하면서 건축주와 이런저런 이야기를 하다가, 각 층에 발코니를 내고 옥상을 활용해 입체적인 정원을 만들자고 제안하며 아미티스의 공중정원을 떠올렸다.

공중정원은 건물의 중요한 프로그램이 되었고, 그 자리에서 바로 건물 이름에도 붙이기로 했다. 나는 팍팍한 바위의 틈으로 녹색의 풀들이 자라고 나무가 자라는 그런 그림을 연상했는데, 건축주는 그 이름이 아주 마음에 든다고 했다. 혹은 지나친 상업주의에 물들어 사막화되어가고 있는 홍대 앞이라는 동네에 한숨 돌릴 공간이 되는 오아시스를 연상했을 수도 있다.

먼저 법적 규제나 덩어리의 분절로 생긴 틈을 이용해서 다양한 꽃밭을 만들었다. 각 층에 테라스와 발코니를 만들고, 주차 리프트 상부에 정원을 만들었으며, 지하로 내려가는 계단 주변을 파서 만든 성큰가든sunken garden에는 높이가 5미터 가까이 되는 우람한 단풍나무를 심어놓았다. 말하자면 이 건물의 개념은 '틈'이다. 틈은 벌어져서 사이가 난 자리를 뜻하기도 하고, 어떤 일을 하다가 생각 따위를 다른 데로 돌릴 수 있는 시간적인 여유를 뜻하기도 한다.

길에서 건물을 정면으로 보면 다양한 틈이 있는데, 그 틈으로 들어가면 1층으로 들어가기도 하고 중정中庭으로 가기도 하고 후정後庭으로 가기도 하며, 2층으로 바로 올라가는 계단을 만나기도 한다. 건물 맞은편에는 원룸이나 옥탑방 등 서로 마주 보기 불편한 집들이 잔뜩 있어서, 전면으로 커다란 가벽을 설치해 적당히 시선을 걸러내고 가벽과 건물 외벽 사이에 1미터 정도 발코니를 만들어놓았다. 그리고 가벽 중간중간 틈을 만들어놓았다.

특히 일조권 제한으로 뒷집과의 사이에 1.5미터 정도의 틈 덕분에 생긴 후정은 예전에 학교 뒷마당처럼 만들었다. 마사토가 깔린 좁고 긴 그 뒷마당은 한적하고 여유로웠고 숨어 있기 좋은 공간이었다. 이곳도 도로에서 한 겹 더 들어와 홍대 앞의 복잡함과 소음에서 한결 자유로워진다. 담장은 시멘트 벽돌을 마구리면으로 보이

© 김용관

아미티스 가든 뒷마당에는 마사토를 깔고 꽃밭을 만들고
자작나무를 나란히 심어놓았다. 그래서 이 공간은 한적하고
여유로웠고, 숨어 있기 좋은 공간이 되었다.

도록 통줄눈으로 쌓고 그 앞에 꽃밭을 만들고 자작나무를 나란히 심어놓았다.

정면으로 난 틈은 건물로 들어가는 네 개의 문이 된다. 지하 1층부터 지상 3층까지 각각 도로에서 직접 들어갈 수 있다. 그 길은 넓기도 하고 좁고 어둡기도 하고, 계단을 따라 올라가기도 하고, 대나무와 담을 끼고 빙 돌아가기도 한다. 어디로 들어가건 들어가다 보면 처음에 내가 들어온 길을 다시 돌아보게 된다.

지금 여기에 사는 사람들은 서로의 간격이 줄어들고 모두 통제가 가능해진 아주 피곤한 체계 속에 던져져 있다. 특히 도시는 더욱 그렇다. 마르고 건조한 사막이면서 빠져나갈 수 없는 미로 속을 헤매는 것과 같다. 이럴 때 우리에게는 휴식이 필요하고 가끔 뒤를 돌아보는 여유가 필요하다. 이곳에서 틈을 통해 들어가고 틈을 이용해 정원을 경험하며, 도시라는 사막에서 문득 나타나는 오아시스를 만나듯 잠시 쉬어갈 수 있기를 바란다.

자연이 땅을 치유하다

선유도공원

살려야 할 대상이 무엇인지 알 수 없는 재생

'재생再生'이라는 말의 사전적 의미는 '다시 살아난다'는 것이다. 재생이라는 말을 쓰기 위한 전제는 어떤 사물이나 생명체가 거의 죽었거나 용도 폐기된 상태여야 한다. 재생 타이어나 재생 화장지처럼 이미 썼던 원료를 다시 활용한 제품이나, 흉터나 손상된 세포에 바르는 재생 크림이라든가 하는 것들이 재생의 원래 의미를 담고 있다.

그런데 아직도 멀쩡한 것을 쓰면서 공연히 호들갑 떨며 재생이라고 하는 것은 당연히 말도 되지 않는 이야기라고 생각한다. 그러나 그런 어색함이 전혀 문제가 되지 않는 분야가 있다. 도시, 건축, 토목 등의 분야, 그중에서도 도시 분야에서 재생이라는 말을 가장 빈번하고 활발하게 사용하고 있다.

지방자치단체 중에서 특히 서울시가 그 말을 애용한다. 도시 환경 정비 혹은 도시 재개발이라는 이름으로 진행되던 사업들이 여러 가지 여건으로 주춤하게 되자, 같은 일을 하던 부서가 이제 서울 도시계획의 주요 사업 방향은 '재생'이라며 이름표를 바꾸어달았다. 서울시는 한때는 복원이라는 말을 의도적으로 왜곡해 실소를 자아낸 적이 있었다.

세운상가를 허물고 그 일대를 재개발하는 명분으로, 역사적으로 있지도 않은 종묘에서 남산에 이르는 녹지축을 새로 만들면서 '복원'이라는 명분을 가져다 붙인 것이었다. 그리고 그 사업 핵심은 녹지를 만드는 것이 아니라 세운상가 주변의 오래된 골목을 쓸어버리고 대규모 주상복합 시설을 세우는 것이었다.

그때 알게 되었다. 사실 도시계획이라는 일은 엄청난 자금이 필요하며 굉장히 복잡한 합의가 요구되고 그에 따라 대단한 명분이 있어야 하기 때문에, 그런 의도적 언어 왜곡을 하게 된다는 것을.

세상일이라는 것이 늘 그렇다. 순진하게 교과서에 나온 대로 이야기하고 생각하고 혼자 열심히 줄 서서 질서를 지키다 보면 "사람이 왜 그렇게 꽉 막혔어?" 혹은 "사람이 왜 그리도 순진해?" 등의 핀잔을 듣기 십상인 것처럼.

한번은 우리 사무실에 스코틀랜드 학생이 인턴으로 와서 근무했던 적이 있었다. 그 학생이 인턴을 끝내며 돌아가기 전에, 환송의 의미로 내 기준에 의거해 고른 서울에서 볼 만한 장소 몇 군데를 구경시켜준 적이 있었다. 그때 종묘를 보고 그 건너편으로 넘어가 세운상가와 장사동·예지동 골목을 답사하는 중이었다. 세운상가에 올라가서 예지동 쪽을 내려다보며 설명을 하고 있는데, 그 건물 관리를 하는 분이 나에게 다가와 항의를 하는 것이었다. "대체 왜 외국인에게 이런 모습을 보여주는가?"

아마 그가 보기에는 그 복잡한 골목과 덕지덕지 붙어 있는 근대화 혹은 산업화의 딱지들이 우리의 치부라는 생각이 들었던 모양이다. 나는 그게 아니고 우리는 관광객이 아니라 건축학을 공부하는 사람들이고, 여러 가지 의미가 있는 장소라서 등등 길게 설명을 했다. 그러나 그는 단호하게 안 된다고 하면서 강력하게 저지했다.

우리는 하는 수 없이 자리를 피하며 세운상가의 다른 곳으로 옮

2000년에 개관한 재생의 대표적인 사례로 손꼽히는 테이트 모던 미술관은 영국 런던 템스강 근처의 뱅크사이드Bankside 화력발전소를 개조해 만든 공간이다.

겼지만, 그는 그곳까지 쫓아와 우리가 그 건물에서 나갈 때까지 지켜보고 있었다. 우리는 높은 곳에서 내려다보며 세운상가 인근의 오래된 길과 서울의 도시 구조를 이야기하는 것을 포기하고 '아이레벨eye-level'에서 답사하는 것으로 만족하는 수밖에 없었다.

물론 그의 충정을 이해하지 못하는 것은 아니다. 그러나 참 슬펐던 것은 우리에게 깊게 깔려 있는 '자기 부정'이다. 왜 그렇게 되었는지 알 수는 없지만, 우리는 우리 과거와 현실에 대해 늘 부끄럽다고 생각하고 개선되어야 하고 타파되어야 한다고 생각한다.

부수고 새로 짓자

과거의 것을 낡은 것이나 바꾸어야 할 것으로 생각하다 보니 늘 '부수고 새로 짓자'에 대한 잠시의 고민도 없다. 당연한 귀결이고 어쩔 수 없는 일이라고 받아들인다. 아직도 멀쩡한 동네에 혹은 아파트에 '사망 언도言渡'가 내려지면, 동네의 들머리에는 '경축, 안전진단 통과', '경축, 재개발 사업 확정' 등 환영한다는 현수막이 내걸린다. 그 현수막을 보면서 나는 헛갈린다. 건물이 안전하지 못한데 축하한다는 말을 붙이는 것은 누가 봐도 엄청난 형용모순이고 우리의 감각을 거스르는 일이기 때문이다.

자신이 살았던 곳이고 사는 동안 쌓여온 여러 가지 추억이 있는 곳을 허무는 것이 축하할 일은 분명 아닐 것이다. 이런 전도된 가치관으로 인해 생기는 정서적인 장애는 지금 우리나라가 겪고 있는 큰 질병이라는 생각마저 든다. 일을 추진하는 일단의 사람들이나 그 일을 지켜보는 사람들은 역사적인 경험을 같이해온 우리 자신이기 때문이다.

그러나 조금만 더 그 안으로 들어가보면 재개발을 하자며 들어와서 사람들에게 무언가 대단한 혁신과 경제적인 이득이 생길 것처럼 허장성세를 부려놓지만, 그 환경 개선의 대가는 기존 주민들이 치르고 열매는 다른 이들에게 돌아간다. 기존 주민의 재입주율이 낮다는 것이 그런 사실을 처절하게 반증한다.

도시를 대상으로 하는 대규모 사업은 과거에는 공동 주거나 사무·상업 공간을 확대하는 데 그친다. 그러다가 영국 런던 테이트 모던 미술관 등의 사례처럼 기능이 사라진 산업단지나 항만 등의 정비를 통해 문화 기반 시설을 확충해 지역 경제를 부활시키는 계기를 만든 도시들이 속속 등장하면서, '재생'이나 '복원'이 무슨 유행처럼 전 세계로 번져갔다.

아무래도 기존의 도시 개발, 정비, 활성화 같은 거창한 명칭 대신 '도시 재생'이 좀더 인간적이고 어딘가 친환경적이고 덜 부담스러운 단어인 모양이다. 주요 기능이 신도시로 이전된 후 낙후된 원도심의 재생이 지방 도시들의 화두가 되었고, 그에 대한 정부의 지원도 늘어났다.

그런데 그 '재생하자'는 구호에는 빠진 것이 많다. 주어 없이 동사만 있는 미완성형 문장 같다. 가령 누가(관 주도인지 민간 주도인지), 언제(당장 몇 년 내, 단체장의 임기 내에만 꼭 해야 하는지), 어디를(장기적이고 구체적인 계획 없이 특정 건물, 예를 들어 특정한 센터 한두 개를 만들고 끝나는 것은 아닌지), 어떻게(콘텐츠도 없이 일단 예산부터 쓰는), 특히 왜(남들이 하니까 우리도) 하는지에 대한 고려 없이는 이전에도 있어왔던 도시계획 사업들과 다를 바가 없을 것이다.

몇 년 전 서울시에서 '서울형 도시 재생 시범 사업' 대상을 선정했다. 이 사업은 각 지역 특성에 맞는 생활권 단위의 환경 개선, 기초 생활 인프라 확충, 공동체 활성화, 골목 경제 살리기 등을 통해 근린재생형 도시 재생을 실현하는 사업이라고 한다. 그런데 선정된 곳의 면면을 보면, 과연 그곳에 정말로 '다시 살려내야만' 할 절박함

2002년에 개장한 선유도공원은 서울시가 진행한 도시 재생 사업 중 가장 돋보이는 사례다. 이곳은 선유정수장 시설을 활용한 생태공원으로 한강의 역사와 동식물을 한눈에 볼 수 있는 시설들이 들어서 있다.

이 있는지, 공동체와 골목을 살리겠다는 취지에 적합한지 약간의 의구심이 생긴다. 실제로도 고개가 갸웃거려진다. 그 '재생'이 기존의 마을 만들기나 낙후 지역 정비, 지역 활성화의 방법과 무엇이 다르기에 굳이 '서울형 도시 재생'이라는 이름을 붙인 것인지도 궁금하기 그지없다.

오랜 시간 쌓여온 도시의 정체성

서울에는 이미 성공적인 '재생'의 사례가 있다. 한강은 폭이 1킬로미터나 되는 무척 넓은 강이다. 그리고 중간중간 걸쳐 있는 다리는 제각기 개성 있는 풍경을 보여준다. 특히 한남대교를 건널 때 보이는 호쾌한 풍경이 아주 좋고, 그에 못지않게 양화대교를 건널 때 보이는 풍경도 좋다.

그 다리를 건널 때 보이는 여의도 풍경과 합정동 근처에 접근할 때 절벽 위에 한 송이 꽃처럼 피어 있는 절두산 성당이 보이는 풍경이 아름다웠는데, 지하철 철교가 놓이면서 가로막은 방음벽으로 인해 보이지 않게 되어 못내 아쉽다. 그러나 그 대신 선유도공원이 다리 중간에 생겨서 조금이나마 아쉬움을 달래준다.

선유도공원은 2002년에 개장했다. 선유도仙遊島는 '신선이 노니는 섬'이라는 이름에 걸맞게 멋진 풍광을 갖고 있었다고 한다. 원래는 섬이 아니고 한강의 남쪽에 붙어 있는 땅이었고, 그 끄트머리에 아름다운 봉우리가 솟아 있어 선유봉으로 불리던 곳이었다. 그러나 일제강점기와 현대를 거치며 홍수를 대비하는 한강 정비 사업과 인천으로 가는 길을 닦기 위해 토사를 반출시키는 바람에 땅이 깎여나가며 섬이 되었다. 선유라는 본래의 정체성과 섬이라는 나중에 생긴 땅의 모습이 합쳐진 기구한 장소인 셈이다.

서울시는 선유도에 1978년부터 정수장을 건설하고 시민들에게 물을 공급하는 장소로 만들었다. 선유도는 신선 대신 물이 노니는 곳이 되었다. 그러다가 2000년에 용도가 폐기되고, 2년 동안 정비해 공원으로 재생시켰다. 이곳은 그동안 서울시가 진행한 많은 도시 재생 사업 중에서도 칭찬을 받을 만한 곳이다. 진정한 의미의 재생이 이곳에서 이루어졌고, 지금은 많은 사람에게서 사랑을 받는 공원이 되었다.

선유도공원은 의외로 단순하다. 기존 정수장의 껍질을 그대로 살린 것이 전부다. 그리고 그 안에 담긴 시간을 살리고, 오랜 시간 고

선유도공원은 기존 정수장의 껍질을 그대로 살린 것이 전부다. 그래서 산책로를 걷다 보면 고대의 유적지를 걷는 듯한 착각에 빠지게 된다.

난을 겪은 땅을 자연이 다독이며 서서히 치유시켜주는 곳이다. 선유도공원에는 한강전시장, 시간의 정원, 원형소극장, 카페테리아, 공원 안내소 등의 건물이 있는데, 정수장 내부의 물길들을 그대로 살리며 산책로로 조성해 고대의 유적지를 걷는 듯한 착각에 빠지게 한다.

그 안에 있는 건물들은 모두 원래의 정수장에 있던 시설을 개조한 것이다. 송수펌프실은 한강전시장, 취수탑은 카페테리아, 급속여과지는 공원 안내소, 침전지는 시간의 정원 등이 되었다. 특히 기둥만 남은 정수장 자리에 만들어진 시간의 정원은 낡은 콘크리트 기둥을 타고 오르는 덩굴식물이 주는 묘한 느낌이 그곳에 가는 사람들에게 깊은 성찰을 하게 만드는 아주 특별한 장소다.

이 공간들은 1999년 현상설계를 통해 만들어졌고(선유도공원은 조경가 정영선과 건축가 조성룡, 다산컨설턴트의 협업으로 이루어졌다), 서울시의 전폭적인 지원이 있었기에 짧은 시간에 훌륭한 결과물을 만들 수 있었다고 한다. 장소에 대한 이해와 문화적인 안목을 기반으로 할 때 진정한 공간과 시간의 재생을 일구어낼 수 있다는 것을 보여준 좋은 사례가 되었다. 그런 방식의 재생을 통해 아주 오랜 시간 쌓여온 도시의 역사와 정체성이 단절되지 않고 이어지는 것이다.

도시 재생이란 결국 역사와 삶의 흔적이 담긴 시간을 지켜내는 것이 핵심이다. 우리는 재생이라는 이름 아래 다른 형태의 개발 혹은 파괴가 이루어지지 않도록 끊임없이 경계해야 할 것이다.

자연을 존경하다

무린암과 줘정원

자연이 자연스럽게 스며들다

한국, 중국, 일본 등 세 나라의 건축은 같은 문화권이고 오랜 시간 서로 영향을 주고받으며 문화가 섞이기도 해서 구분이 쉽지 않다. 그럴 때는 가서 직접 보고 경험하는 것이 최고라 생각하고, 몇 년 동안 두 나라를 들락거리면서 그 차이점을 찾아보았다. 비슷한 듯 다른 여러 가지 문화적인 차이와 자연을 대하는 방식, 미묘한 지붕의 곡선, 문이나 창의 문양 차이 등 구별되는 특징들이 조금씩 눈에 들어오기 시작했다.

가장 눈에 띈 것은 공간의 경계에 관한 것이었다. 중국과 일본에 비해 한국은 공간의 경계가 약간 모호하며 서로 넘나든다. 가령 정원을 예로 들어보면, 중국이나 일본의 정원은 그 경계가 칼로 자른 것처럼 선명하고 명확하다. '여기까지는 정원이고 여기까지는 사람이 앉아서 감상하는 곳.' 그런 식이다. 경계뿐만 아니라 각 공간의 프로그램도 아주 정확하다.

그에 비해 한국의 정원은 그 경계를 손으로 선을 뭉개놓은 것처럼 아주 흐릿하다. 심지어 그곳이 정원인지 그냥 풀들이 자라서 만들어진 풀밭인지 구분이 잘 되지 않을 때도 있다. 자연의 일부가 인간의 영역으로 자연스럽게 스며든 것 같기도 하고, 무엇보다도 공간이 정지해 있는 것이 아니라 움직이고 살아 있는 것 같은 역동성이 느껴진다.

있는 듯 없는 듯 자연 위에 절묘하게 얹혀 있는 한국의 정원을 이야기할 때 첫손에 꼽히는 곳이 한때 '비원祕苑'으로 불리기도 했던 창덕궁 후원이다. 구릉과 계곡, 폭포 등 자연 지형을 살린 조화로운 정원으로 조선시대 궁궐의 후원 가운데 가장 넓고 아름다운 풍경을 가졌다.

언젠가 한국의 정원을 탐방하러 온 어느 일본 조경가를 창덕궁으로 데려갔다고 한다. 한참을 감탄하며 함께 둘러보던 조경가가 "도대체 정원은 언제 보여줄 건가요?"라고 반문했다는 일화가 있다. 그만큼 땅의 흐름과 기운의 흐름대로 공간들 간의 상호 존중과 땅들끼리의 교감을 바탕으로 지어놓은 창덕궁의 배치가 절묘했다는 이야기 같다. 더구나 한국의 정원이 원래도 너무 자연스러워 만든 이의 의도를 알 수 없게 만드는 그런 정원이기 때문이기도 하다.

궁궐의 정원은 보통 '후원'이나 '내원' 등으로 불리고, 그 밖에 숲이나 동산의 자연스러운 상태에 적절한 조경을 가미한 것은 '원림園林', 또 산수가 빼어난 곳에 선비들이 세속을 떠나 자연에 귀의해 은거 생활을 하기 위해 지은 소박한 집은 '별서別墅' 등으로 불린다. 양산보梁山甫의 담양 소쇄원瀟灑園, 윤선도尹善道의 보길도 부용동 원림園林, 정영방鄭榮邦의 영양 서석지瑞石池 등이 한국 정원의 백미라고 일컬어지는 곳들이다.

그러고 보니 내가 보았던 많은 우리의 옛집에 있는 마당이나 뜰이나 후원의 모습이 모두 그랬던 것 같다. 무위無爲를 가장한 인위人爲나 인위를 덮는 무위의 대범함은 한국인이 가진 기본적인 성정, 혹은 한국의 미를 이해하는 열쇠라는 생각이 얼핏 들었다.

"동양 문화권에서 정원이라는 말에는 본질적으로 담을 쌓아 공간

한국의 정원은 자연의 일부가 인간의 영역으로 자연스럽게 스며든 것 같기도 하고, 살아 있는 것 같은 역동성이 느껴진다. 창덕궁 후원.

을 주변으로부터 독립시킨다는 뜻이 있다. 이런 점은 서양 언어도 마찬가지다. 영어 가든은 위요를 가리키는 라틴어 '가르디눔gardinum'에서 온 말인데, 히브리어에서 기원을 찾으면 울타리나 보호와 방어를 뜻하는 '간gan'과 즐거움이나 기쁨을 뜻하는 '오덴oden', '에덴eden'이 합쳐진 것으로 본다."

정원은 집 안에 있는 자연이다. 대부분은 그것을 만든 어떤 이의 의지가 반영되고 어떤 프로그램이 운영되기도 한다. 그 방식은 나라마다, 민족마다 각자 고유한 자연에 대한 입장과 자세와 마음가짐이 고스란히 반영된다. 그래서 자연의 형상이나 어떤 이념을 정교하게 묘사한 그림처럼 정적인 일본의 정원, 자연을 새롭게 만들고 그곳에서 크게 움직이며 즐기는 중국의 정원에 비교하면서 보면 그것처럼 재미있는 구경거리가 없다.

이웃이 없는 집

교토는 도쿄 이전의 일본의 수도였으며 오래된 도시다. 가로세로 바둑판처럼 계획되고 정리된 도시의 구성이 재미있으며, 그 안에 인간의 삶이 정연하게 펼쳐져 있는 모습이 아주 인상적이다. 교토에서 본 일상과 가로街路와 집들은 한 치의 오차도 없이 잘 작동되는 훌륭한 장치 같았고, 심지어 아름다운 정물화를 보는 것 같기도 했다. 그 안에 가득 들어차 있는 정원들도 역시 그런 모습이었다.

우리가 잘 아는 료안사龍安寺를 비롯해서 긴카쿠사銀閣寺, 겐닌사建仁寺, 난젠사南禪寺 등의 명소에는 그들이 자랑하는 모래정원이 있고, 사람들은 그 정원과 일정한 거리를 유지하며 관람을 한다. 그런 정원을 일본인들은 '액자 정원'이라고 부르는데, 사람들은 정연하게 앉아서 단정한 마음과 자세를 유지하고 정원을 바라보며 명상을 한다. 바람 한 점도 무안해하며 지나가야 할 정도로 정적이 감돈다. 굵고 가는 모래가 가득 부어진 정원에는 예술적으로 쓸어낸 비질의 자국이 아주 예술적인 도상圖像으로 새겨져 있고, 중간에 바위가 바다 위의 섬처럼 드문드문 있다. 그것이 전부다.

그 안에는 엄청난 '인위의 흔적'이 담겨 있고 어떤 의도가 선명하게 새겨져 있다. 아무리 둔한 사람이라도, 아무리 눈치를 채지 않으려고 해도 저절로 알게 되고 그 '매뉴얼'에 입각해서 행동하게 된다. 이를테면 형식이 내용을 만든다고 할지, 공간이 행동을 규제한다고 해야 할지 아무튼 그런 경지에 이르게 된다.

교토에는 아름답게 만들어지고 사람들이 즐기는 그런 정원이 많이 있다. 그곳에 가보면 사람들은 늘 선정禪定에 잠겨서 멍해진 눈망울로 정원을 응시하고 있다. 참으로 진귀한 풍경이 그곳에서는 그저 일상이었다. 그런 정원을 '가레산스이枯山水식 정원'이라고 부르는데 선종 사찰에서 발전된 형식이라고 한다. 대상을 극도로 단순화해 추상화한 일본의 문화적 특성을 아주 단적으로 보여주는 풍경이다.

무린암無隣庵은 1895년에 지어진 메이지 시대의 정치가 야마가타 아리토모山縣有朋의 별장이다. 이 정원은 '지센카이유池泉回遊식 정원'이라고 한다. 지센카이유식이란 물을 가둔 못이 하나 있고, 그 못을 중심으로 다리를 놓고 주변에 산책로를 만들고 숲을 만들며, 멀찌감치 작은 초막이나 커다란 개구부를 가진 집이 있어서 정원을 바라보게 만들어진 방식을 의미한다.

무린암이라는 이름은 '이웃이 없는 집'이라는 의미라고 한다. 지금은 주변이 집들로 둘러싸여 있고 차가 많이 다니는 대로에 면하고 있지만, 그 집이 지어질 당시는 한적한 곳이었던 모양이다. 아니면 스스로 담을 쌓고 산속에 들어간 것처럼 고적함을 즐기겠다는 의미인지 알 수는 없다. 다만 지금도 삼각형 모양의 땅의 영역에 담

무린암에 들어서면 색다른 정원이 활짝 펼쳐진다. 무린암의 정원은 지센카이유식으로 큰 연못에 작은 섬, 다리, 돌 등이 배치되어 있다.

을 두르고 그 안에 못을 파고 나무를 심어놓아 심산유곡까지는 아니더라고 속세에서 완전히 벗어난 곳이라는 생각이 든다.

대문을 들어서면 높지 않은 담이 나오고 담의 중간에 좁고 낮은 문으로 들어서게 된다. 아니 문이 아니라 그저 틈과 같은 그곳을 고개를 약간 숙이며 들어가면(내 키보다 높은데 왠지 수그리고 들어가는 느낌이 든다), 이내 풀과 나무의 세상이 나오고 양쪽에 집이 초록에 반쯤은 잠겨서 나타난다.

집은 최소한의 벽체만 있고 나머지는 모두 창이며 문이다. 2층으로 된 집이 가는 살이 달린 유리문들을 겉에 두르고 있는데, 대형 스크린처럼 바깥의 정원을 담아서 보여준다. 다다미가 깔린 방에 들어가면 사람들은 다다미 선에 맞추어 무릎을 꿇고 앉아서 정원과 눈을 맞추게 된다. 집을 관리하는 사람이 나와서 역시 무릎을 꿇은 채 마주 앉아 정원의 내력을 이야기해주고 차를 가져다준다.

이런 모든 과정과 절차, 이어지는 휴식 역시 정해진 하나의 '매뉴얼'에 의해서 아주 순조롭고 부드럽게 흘러간다. 지천池泉을 회유回遊하는 길처럼 정원을 바라보는 시선이나 정원을 바라보며 잠기는 상념조차 그렇게 흘러간다. 그러면서도 묘하게 편안하다.

이야기를 풍경으로 만들다

중국인들이 예부터 '하늘에는 천당, 땅에는 소주와 항주上有天堂 下有蘇杭'라고 이야기한다. 그 정도로 경치가 좋은 곳이라고 하는데, 소주 즉 쑤저우蘇州는 아름다운 물의 도시이기도 하다. 여기저기에 작은 물길들이 나타나고 그 주변으로 그림 같은 집들이 들어서 있다. 이 도시를 더욱 아름답게 만드는 것은 류원留園, 창랑정滄浪亭, 왕스원網師園 등의 아름다운 정원이 무척 많다는 것이다.

그중 대표적인 정원이 베이징의 이허원頤和園, 쑤저우의 류원, 청더承德의 비수산장避署山庄과 더불어 중국의 4대 정원으로 불리는 쥐정원拙政園이다. 정원이라고는 하지만 그 크기가 5만 1,950제곱미터에 달하는 대규모 장원莊園이다. 아름다운 건물과 정원 전체를 압도하며 건물과 나무와 사람을 비추는 물이 있다. 또한 물처럼 굽이치며 정원을 휘돌며 감싸는 회랑이 끊어지지 않고 이어지며 더운 날이나 비가 오는 날에도 쥐정원을 감상할 수 있도록 만들어져 있다.

또한 쑤저우는 산이 없는 평평한 곳이지만, 이곳 쥐정원에는 기암괴석과 오묘한 모양의 산이 가득하다. 가히 명원名園이라고 해도 어느 누구도 이의를 제기하지 않는 곳이다. 지금은 개인의 소유가 아니고 국가가 관리하는 곳이 되었고, 유명세를 치르느라 하루 종일 관광객이 가득 들어차 있어서 그 고적함을 감상할 여유가 없다. 그럼에도 전혀 그 아름다움이 깎이지 않는다.

쥐정원은 명나라의 관리였던 왕헌신王獻臣이 고향으로 낙향해 1522년에 지은 정원이다. 진대晋代 반악潘岳의 시 한 구절인 '졸자지위정拙者之爲政(어리석은 자가 정치를 한다)'에서 본뜬 이름이라고 한다. 그 안에는 무척 많은 글자가 새겨져 있다. 들어가는 입구에는 승입勝入이라 새겨져 있고, 나오는 출구에는 유통幽通이라고 새겨져 있다. 설명을 붙이자면 들어갈 때는 보고 싶은 마음에 기대를 하고 들어가며, 나올 때는 정원의 아름다움에 취해서 숙연해진다는 그런 의미일 것이다.

내가 보기에 중국 정원의 특징은 크기가 크고 동적인 구성을 이끈다는 것이다. 사람이 한곳에 머물지 않고 회랑을 통해 계속 움직이게 만들며, 중간중간 경치의 의미나 그런 경치를 대하는 자세를 친절하게 설명하는 글귀가 보이지 않는 안내자처럼 계속해서 나타나는 것이 재미있었다. 때로는 소동파의 시 구절 중 '여수동좌 명월청풍아與誰同坐 明月淸風我'에서 따온 '여수동좌헌與誰同坐軒(누구나 와서 함께 앉을 수 있다)' 같은 정자도 있다.

중국의 4대 정원 중 하나인 줘정원은 많은 이야기를 풍경으로 만들고,
그것을 문자와 시적 운율을 통해 전해주는 음악적인 흥겨움이 숨어 있는 정원이다.

쥐정원은 주인이 들려주고자 하는 많은 이야기를 풍경으로 만들고, 그것을 문자와 시적 운율을 통해 전해주는 음악적인 흥겨움이 숨어 있는 정원이었다. 모든 것에는 나름의 이유가 있고 나름의 문화가 있다. 그리고 그것을 어떤 절대적인 잣대로 보고 무엇이 더 낫다거나 못하다는 섣부른 평가를 하기보다는, 주체적인 자신만의 시각으로 보고 판단을 하는 것이 좋다고 생각한다.

그렇기에 닮은 듯 다른 한·중·일 3국의 문화를 비교해보는 것은 늘 어려운 숙제이기도 하지만 더없이 흥미로운 주제다. 오랜 세월 교류하고 문화적인 영향을 주고받았음에도, 정적으로 관조하는 일본의 정원과 동적으로 관람하는 중국의 정원, 사람과 일상의 공간에 스며듦으로써 관조와 관람을 유도하는 한국의 정원이 보여준 그 간격을 발견하는 것은 무척 즐거운 일이었다.

자연을 품다

데시마 미술관

자연으로 들어가는 건축

건축이라는 말은 세우고建 쌓는다築는 의미다. 다시 말해 빈 땅 위에 오뚝하게 무언가를 쌓아올리며 그 안에 공간을 만드는 행위다. 그러나 간혹 쌓는(포지티브) 행위가 아니고 파고들어가는(네거티브) 건축도 있다.

바위를 파고들어가서 주거를 만들기도 하고, 종교 사원을 만들기도 한다. 또는 땅속으로 들어가기도 한다. 물론 기후와 지질 등 자연적인 환경의 영향으로 그런 건축이 생기는 경우가 대부분이다.

연한 지질, 즉 모래가 굳어져 생겨난 사암으로 이루어진 곳에서 많이 찾아볼 수 있다. 아라비아 반도의 서안 쪽 페트라Petra 유적이나 터키 서부 지역의 유적, 중국의 둔황敦煌 석굴 등이 대표적이다.

터키의 카파도키아Cappadocia라고, 열기구를 타고 올라가서 관광하는 것이 유명한 지역에 가면 동굴 주거가 있다. 유적만 있는 게 아니고 지금도 사람이 살고 있고 심지어 호텔도 있다. 그래서 들어가면 농담 반 진담 반으로 방이 좁으면 땅을 더 파서 늘린다고들 한다.

관광지이기 때문에 이색적인 주거를 적극적으로 홍보하는 부분도 있겠지만, 그 근처에 가면 데린쿠유Derinkuyu라고 아예 지하도시도 있다. 아랍권이다 보니 박해를 피한 기독교인들이 땅 밑으로 지하 8층인가 10층까지 파고 내려가서 가축도 키우고 음식도 해서 먹으며 지냈다고 한다. 압력 차이를 이용해 공기가 위로 나가게 하는 환기 시스템도 있고, 정화조도 있고, 갖출 것은 다 갖추어놓고 살았다고 한다.

또 〈인디아나 존스〉나 〈스타워즈〉 같은 영화를 보면 시리아에 있는 주거들이 나온다. 땅 아래 공간이 주거로 이용되는 것은 지상이 아주 가혹한 조건일 때 더 쉽게 추위와 더위를 견딜 수 있기 때문이다.

터키의 동굴 주거인 카파도키아에는 유적만 있는 게 아니고 지금도 사람이 살고 있고
호텔도 있다.

그러나 우리나라는 잘 알다시피 단단하기로는 둘째라면 서운해 할 정도로 경질의 화강암이 많은 곳이라, 석굴을 파고들어가는 사원이나 지중地中 형식의 주거가 원천적으로 이루어지기 힘든 환경이었다. 힘들게 돌을 파고들어가는 것보다 흙을 쌓아올리거나 나무를 엮어서 공간을 만드는 것이 훨씬 쉬웠다.

석굴암은 땅속에 있기는 하지만 둔황 석굴처럼 돌을 파고들어간 공간이 아니다. 돌을 정교하게 다듬어 쌓아올리고 그 위로 흙을 덮은 것이다. 아마 중국의 석굴 양식을 한국으로 이식하면서 만들어 놓은 듯한데, 그 돌을 다듬은 솜씨가 정교하고 공간감이 아주 뛰어나서 들어가면 천상의 소리를 듣는 것처럼 경건해진다.

땅속으로 들어가는 것은 시작이나 끝으로 간다는 의미가 포함된다. 매우 시적이며 종교적인 함의를 가지고 있고, 죽음이나 탄생을 의미하기도 한다. 가령 제주도에 있는 삼성혈三姓穴은 시원을 뜻하고 무덤은 종말을 뜻한다. 사람은 자연에서 태어나고 자연으로 돌아간다는 의미가 들어 있다.

건축가 조병수는 자신의 집을 32제곱미터 정도 되는 네모난 상자 모양의 구멍을 파서 땅속에 지었다('땅집'이라고 한다). 그래서 나무들이 있는 숲 안에 콘크리트로 된 바닥이 보이고 그 밑으로 들어가면 콘크리트 벽체가 있고 네 면으로 나뭇조각 같은 것이 붙어 있다. 그곳에 일종의 명상실 같은 작은 방이 있다. 공연이나 낭송회 같은 행사를 할 때는 지면 높이에 만들어진 지붕 위에 사람들이 앉아 마당을 내려다본다. 무척 안온한 풍경이고, 인간은 땅속에 돌아가는 존재라는 의미를 담은 공간처럼 느껴지기도 한다.

자연에 대한 예찬

땅속에 집을 짓는 것은 생각보다 비용이 많이 든다. 땅을 파면서 주변의 흙이 무너져 내리지 말아야 하니까 흙막이벽을 견고하게 세워야 하고, 습기가 침범하지 말아야 하니까 이중으로 내벽을 세우기 때문이다.

땅속의 집이 하나의 대안이 될 수 있는 것은 공기 질의 악화나 자연재해가 심해지고 기온 등의 문제가 있을 때다. 그래서 미래 사회를 그리는 소설이나 영화에서 열악해진 지구의 환경 때문에 사람들이 땅속으로 들어가 사는 설정이 종종 등장한다.

실제로 집이 지하에 들어가게 설계하는 경우는, 지상에 지을 수 있는 면적에 한계가 있을 때 선택하는 경우가 많다. 지하는 용적률에 포함되지 않기 때문에 원한다면 지하 10층까지도 팔 수 있다. 다만 건물이 높이 올라갈 때와 마찬가지로, 땅속으로 깊이 들어갈 때도 구조적인 해결이 필요해진다.

혹은 볼륨을 한껏 높여 음악을 듣고 싶은데 주변에 민폐를 끼치니까 지하에 층고를 높게 한 음악실을 만든다든가 하는 현실적인 이유도 있다. 그럴 때는 지하에도 빛과 바람이 들어갈 수 있게끔 한편에 조금 더 땅을 파서 성큰가든을 만든다. 대지가 평지가 아니고 경사가 살짝 있을 때도 높이 차를 활용해서 지하를 1층처럼 활용할 수 있다.

현대의 건축은 중력에 저항하며 100층을 넘는 초고층 건물들, 즉 한없이 하늘을 향해 올라가는 구조에 대한 실험을 하기도 하고, 한편으로 지하를 활용하는 방안을 끝없이 탐구하기도 한다.

땅속에 지은 건축 중 인상적인 것을 꼽으라고 하면, 역시 안도 다다오의 지추地中 미술관을 가장 먼저 떠올

데시마 미술관으로 가는 길은 작은 동산을 빙 돌아가도록 되어 있어 두툼하고 각을 살려 포장한 깨끗한 시멘트 길을 따라 걸어 들어가야 한다.

리게 된다. 나는 일본 세토내해瀨戶內海 주변의 섬들을 구경하러 여행을 간 적이 있는데, 물론 핵심은 예술섬으로 유명한 나오시마섬直島이었다. 나오시마 예술 프로젝트는 알려진 지 꽤 오래되었고 많은 사람이 구경하고 벤치마킹하고자 노력하는 곳이다.

나오시마섬에 조성된 미술관과 그 안에 전시된 미술품들은 미술에 조금이라도 관심이 있는 사람들이라면 뒤로 넘어갈 정도로 대단한 것들이었고, 그 작품들을 담은 건물들도 명작의 반열에 올라 있는 대단한 건축이었다.

그런데 내가 만난 그 공간과 그 공간을 점유하고 있는 미술품의 자세가 지나치게 경건하고 자의식이 강해 거부감이 느껴질 정도였다. 관람하는 사람에게 지나치게 예의를 표하라고 하는 듯했다. 멸균실과 같은 실내에는 멸균복을 입고 사람들을 소독하고 치유하는 듯한 보건소 직원 같은 표정의 관리인들이 우리에게 침묵과 경의를 강요했다. 무척 불편했다. 반면 땅속으로 들어가는 설정과 미술관을 나와 만나는 자연은 좋았다. 나는 미술관을 나오며 해방감을 맛보았다. 미술관이 교묘하게 자연에 대한 예찬을 하는 것 같았다.

땅속에서 만난 건축

그다음 찾아간 곳이 데시마섬豊島이다. 그 이름이 의미하듯 데시마라는 섬은 물이 풍부해서 농사가 잘되었던 곳이라고 한다. 그러나 1970년대 중반부터 어떤 기업이 그곳에 16년간 산업 폐기물을 불법으로 폐기한 것이 드러나며 버려진 땅으로 치부되었던 곳이다. 그러나 주민들의 지속적인 노력과 정부의 적극적인 개입으로 막대한 돈을 들여 유해 환경을 개선하고 폐기물을 재처리해 섬이 빠르게 되살아났다.

그에 더해 인근 섬들에 불어닥친 예술섬 프로젝트는 섬을 유명한 관광 명소로 바꾸어주었다. 사람이 살 수 없는 환경의 섬을 살리게 된 것은 '세토우치瀬戸内 국제 예술제'라는 행사 덕분이었다. 세토내해에 있는 12개 섬에 활기를 불어넣기 위해 수백 개의 예술품을 설치하고 전시하는 국제 예술제는 3년에 한 번씩 개최되었다. 그 결과 그 섬에는 많은 관광객이 모여들었고, 세계적인 관광 명소로 거듭나게 된 것이다.

그 행사의 일환으로 만들어진 것이 데시마 미술관이다. 데시마섬은 인구가 1,000명 정도 되는 고적한 느낌이 드는 작은 섬이다. 배에서 내려 렌터카를 타고 바다 옆으로 난 휘어진 길로 여유 있게 달리다 보면 멀리 바다가 보이는 경사지에 조성된 계단식 다랑논이 보이고, 그 옆 언덕에 낮고 허연 덩어리가 보인다. 그 덩어리가 바로 일본의 건축가 니시자와 류에西沢立衛가 설계한 데시마 미술관이다.

그 미술관 쪽으로 다가서니 왕릉의 입구처럼 역시 땅에 파묻혀 있는 안내소가 보였다. 그리고 바로 앞에 있는 미술관으로 가는 길은 그 앞의 작은 동산을 빙 돌아가도록 되어 있다. 두툼하고 각을 살려 포장한 깨끗한 시멘트 길을 따라 걸어 들어가야 한다.

조용히 순례하듯 산을 돌아 미술관 입구에 도달했다. 가까이에서 보니 미술관은 멀리서 볼 때보다 더욱 낮아 보였다. 그리고 거적을 살짝 들어 입구를 낸 움막처럼 작은 콘크리트 개구부가 나오고 그 앞에 신발을 벗는 장소가 나온다.

신발을 벗어야 하며, 사진을 찍을 수 없으며, 떠들지 말아야 한다는 주의사항을 전달받고 그 안으로 들어간다. 입구로 들어서니 먼저 들어간 사람들이 내부에서 서성거리고 있었다. 내부도 아니고 외부도 아닌 웅크리고 있는 생물의 뱃속 같은, 벽과 바닥의 구별이 없이 모두 허연 그 공간은 시간과 공간의 경계를 손으로 문질러 지워낸 듯 모호함만이 가득했다.

데시마 미술관은 내부도 아니고 외부도 아닌 웅크리고 있는 생물의 뱃속 같은, 벽과 바닥의 구별이 없이 시간과 공간의 경계를 손으로 문질러 지워낸 듯 모호함만 가득하다.

그리고 그 바닥에는 물방울들이 여기저기 굴러다니고 있었다. 나는 천장에 뚫린 거대한 두 개의 구멍으로 물이 새어 들어온 것인 줄 알았다. 그런데 웬걸 그것은 나이토 레이内藤禮라는 아티스트의 작품이라고 한다.

바닥에 난 작은 구멍에서 물방울들이 스며들어 올라온다. 방수 처리된 바닥에서 우산 위에 떨어진 물방울처럼, 연꽃 위를 구르는 물방울처럼, 송골송골 맺힌 물방울들이 또르르 굴러다니고 있었다. 무언가 홀린 듯 혹은 여기에서 무엇을 해야 하나 고민하는 듯, 공간을 경배하는 듯 서성거리는 사람들과는 달리, 물방울은 그 공간 안에서 활기차게 굴러다니고 있었다.

기둥이 하나도 없는 그 공간은 콘크리트로 만든 조개껍데기 같다. 흙으로 둔덕을 쌓아올리고 그 위에 조심스레 철근을 엮고 콘크리트를 붓고 콘크리트가 굳은 후에 흙을 파내어 공간을 완성했다. 땅속으로 들어가 만든 것은 아니지만, 결국 흙을 파내고 안으로 들어가 공간을 만든 것이다.

대체로 사람들은 예술에 대한 무한한 경외감이 있다. 예술이란 모호하고 조금 어렵다. 그것은 예술이라는 것 자체가 거대한 이불과 같아서 세상의 모든 것을 덮는 것이기 때문이라 생각한다. 그렇다

보니 우리는 그것이 무엇인지 모르고 어떤 형태인지 잘 알 수 없다.

자세히 인식하기 힘들지만, 우리는 그 안에서 위안을 얻기도 하고 정신적·육체적 고통을 완화시키고 치유하기도 한다. 데시마 미술관에 미술은 없다. 설치도 없다. 단지 파고들어가서 비워놓은 자연과의 경계가 모호한 공간이 있을 뿐이다. 그리고 우리가 할 수 있는 행동은 땅속 같은 공간에서 서성거리고 편안함을 느끼는 것이다.

사람은 땅에서 태어나고 땅으로 돌아간다. 땅은 아주 실질적인 생명의 공급원이며 추상적인 인간의 지향점이다. 땅속으로 들어가는 건축은 아주 구체적인 공간을 지향하면서도, 극도로 추상적인 공간의 이상을 자연스럽게 드러낸다.

자연을 향해 창을 열다

고안

차를 사랑한 추사와 초의선사

내가 아는 서예가가 많지 않고 아는 글씨도 그리 많지는 않지만, 그중 좋아하는 것을 골라보라고 하면 생각나는 몇 작품 중 하나가 추사 김정희가 썼다는 '명선茗禪'이라는 작품이다. '차를 마시며 선정에 든다'는 뜻이라고 하는데, 울긋불긋 화려한 종이에 세로로 크게 두 글자를 써놓았다.

글씨는 크고 단단하다. 그러면서도 어딘가 허술한 구석이 있다. 하지만 아주 매력적이다. 그리고 그 옆에 가늘고 유려한 필치로 옆으로 흐르는 작은 글씨들과의 조화도 좋다. 그 내용은 '명선'이라는 글씨를 쓰게 된 상황에 대한 부연설명이었다.

"초의선사가 직접 만든 차茗를 보내왔는데, 중국의 유명한 몽정차蒙頂茶나 노아차露芽茶보다 덜하지 않았다. 이에 글씨로 보답한다. 중국에 있는 백석신군비白石神君碑의 필의筆意로 병거사病居士 김정희金正喜가 예서隸書로 쓰다."

한국의 다성茶聖으로 불리는 초의선사가 차를 보내준 것에 대한 감사의 마음을 담아 써준 글씨라는 내용이다. 당시 추사는 제주도에 유배되어 있었고 세상사의 고달픔과 인간사의 속절없음을 뼛속 깊이 새기던 시절이었으므로, 그 감사의 마음은 무척 컸을 것이다.

그때 추사를 열심히 챙겨주었던 사람이 몇 있는데, 그들에게 추사는 명작을 선물한다. 하나는 물심양면으로 열심히 뒷바라지해준 이상적李尙迪에게 주었던 〈세한도〉이고, 또 하나는 초의선사에게 주었던 '명선'이라는 글씨다. 추사와 초의선사는 허물없는 친구 사이였던 모양이다. 추사와 초의선사 사이에 오간 편지를 보면, 추사가 거의 어리광을 부리듯 초의선사에게 차를 보내달라고 투정을 하는 모습을 볼 수 있다.

초의선사는 『동다송東茶頌』을 지었으며 우리의 차 문화를 정립한 사람이다. 그런데 그를 차의 세계로 이끌어준 사람은 어린 시절 만났던 스승 다산 정약용이었다. 세상 모든 일에 관심이 많았고 세상 모든 일을 알았으며 올곧은 정신으로 살았던 정약용은 차에 관해서도 당대 최고였다.

차의 효능과 제조법 등에 해박했으며 그런 지식은 그의 글과 편지에 넘치도록 많이 남아 있다. 또한 차를 아주 좋아해서 추사가 초의선사에게 조르듯 그도 차를 보내달라는 편지를 많이 보냈다. 그에게 빚 독촉처럼 차 독촉을 받았던 집안은 전남 강진 백운동에 별서를 지어서 살았던 원주 이씨 집안이었다.

"지난번 보내준 차와 편지는 어렵사리 도착했네. 이제야 감사를 드리네. 근년 들어 병으로 체증이 더 심해져서 잔약한 몸뚱이를 지탱하는 것은 오로지 떡차茶餠에 힘입어서일세. 이제 곡우 때가 되었으니 다시금 이어서 보내주기 바라네. 다만 지난번 부친 떡차는 가루가 거칠어 썩 좋지가 않더군. 모름지기 세 번 찌고 세 번 말려 아주 곱게 빻아야 할 걸세. 또 반드시 돌샘물로 고루 반죽해서 진흙처럼 짓이겨 작은 떡으로 찍어낸 뒤라야 찰져서 먹을 수가 있다네."

당시 정약용이 백운동 별서의 주인이며 자신의 제자이기도 한 이시헌李時憲에게 보낸 편지의 내용이다. 공부에 대한 이야기와 더불

1587년 도요토미 히데요시가 개최한 기타노 대다회大茶會에서 사용했던 다실 도요보東陽坊는 1921년 교토 겐닌사로 이축했다. 이곳은 극도로 단순화된 다실의 전형을 보여준다.

어 차에 대한 이야기를 풀어놓는다. 찻잎을 세 번 찌고 세 번 빻는 삼증삼쇄법과 더불어 다산이 즐기던 차의 방식은 잎차가 아닌 떡차였음을 알게 해주는 귀중한 자료라고 한다.

절대 자유의 경지로 드는 일

우리 옛 사람들의 기록을 보면 차를 달이는 법, 차를 재배하는 법, 차의 효능 등 차에 관한 모든 것을 이야기하고 차를 마시는 심경과 자연을 노래한다. 하지만 차를 마시는 공간이나 그 과정에 대한 자세한 규정에 대한 언급은 찾아보기 힘들다. 차를 마시는 일은 선정에 드는 일과 같고, 자연과 교감하며 그로 인해 육체와 정신이 건강해지고 건전해지는 그런 경지에 이르는 일이다. 또 세상의 규범에 얽매이지 않는 절대 자유의 경지로 드는 일이다. 최소한 우리나라의 차 애호가들은 그런 자세였다고 생각한다.

나도 간혹 초대받아 차를 대접받기도 하는데 그 절차와 그 맛에 도통 익숙해지지 않는다. 그윽한 향기와 그보다 더욱 향기로운 문화의 맛을 느끼지 못하니, 후각과 미각이 마비된 채 세상에 다시없는 수라상을 받은 기분이라고 해야 할까? 그 맛은 쓰고 뜨겁고 또한 감질난다.

술은 사람을 풀어지게 하고 차는 사람을 여미게 만든다. 그래서 술을 마시면 홍취가 돋고 약간은 소란스러워지기도 하지만, 감성이 살아나 좋은 시나 그림이 만들어지기도 한다. 반면 차는 사람의 정신을 맑게 해준다. 술과 차는 어찌 보면 완전히 반대의 성질을 가진 기호품이다. 그래서 음과 양의 조화처럼, 많은 사람이 이 기호품을 동시에 즐긴다.

차 문화는 중국을 통해 한국과 일본으로 차례로 전달되었는데, 중국과 한국의 차 문화의 전성기는 10세기를 전후한 송나라와 고려시대였다고 한다. 이에 비해 일본은 12세기에 차가 전래되고 차 문화가 완성된 시기도 15~16세기로 한국과 중국에 비해 많이 뒤진다. 그러나 일본인들에게 차를 마시는 일은 그들만의 독특하고도 보편적인 문화로 자리 잡는다. 그들은 차 마시는 행위를 불교의 참선과 동일시하고 나아가 독특한 정신문화로 완성한다.

일본에 가서 유명한 정원을 보거나 사찰을 구경할 때, 한구석에 아주 작은 오두막을 발견하게 될 때가 있다. 얼핏 보기에는 대충 나무로 엮고 풀로 덮은 작은 집인데, 자세히 보면 벽을 조금 째서 만든 사람이 들어가는 구멍이 하나 있다. 그곳이 바로 차를 마시는 공간이다.

송나라에서 임제종을 공부하던 에이사이榮西 선사가 일본으로 차나무를 들여오면서 일본에서는 다조茶祖로 불리게 되는데, 그는 『끽다양생기喫茶養生記』라는 책을 펴냈고 차를 수행의 방편으로 인식시키며 생활 속에 뿌리내리게 했다. 이후 일본의 차 문화는 몇 명의 선도자를 거쳐 16세기 센노 리큐千利休에 의해 완성된다.

일본에서 차 문화의 완성이란, 예법의 완성이었으며 공간의 완성이다. 그는 일본의 독특한 미학인 '와비わび'의 개념을 완성한다. 고요하고 투박함을 뜻하는 '와비'는 마음의 상태를 뜻하기도 하고, 공간의 느낌을 뜻하기도 한다. 그리고 그런 미학의 구체적인 결정체가 다실 공간이다.

그들은 선을 수행하기 위해서는 선방이나 선실이 있어야 하듯, 차를 수행하기 위해서는 다실이 필요하다고 생각한다. 소박하고 엄정한 공간을 구현하기 위해 그들은 질박한 재료와 단순한 형태, 작고 팽팽한 긴장감을 주는 공간을 만든다. 대나무로 엮은 담장 중간에 빼꼼 솟은 낮은 대문에 들어서면, 담에 붙여 만든 나무 의자에 앉아서 주인의 부름을 기다려야 하는데, 그 공간은 마치아이待合라

스기모토 히로시의 유리 다실은 몬드리안의 구성을 연상시키듯 모던한 형태이고, 바닥의 다다미와 입구의 나무문만 유리가 아닌 재료로 되어 있다.

고 한다.

주인이 부르면 노지露地라는, 돌이 듬성듬성 박혀 있는 뜰을 지나게 되고, 나무 사이로 다실을 보며 안으로 들어가게 된다. 다실은 토벽과 생목, 대나무 격자판으로 만들어진다. 센노 리큐는 노지와 잘 어울리는 다실의 형태가 '와비'의 극치라 생각했다고 한다.

무척 추상화되고 상징적인 그 공간에 들어가면, 누구나 침묵하게 되고 몸과 정신을 추스르게 된다. 애초에 다다미 4.5장 크기의 다실이 정형이었으나, 센노 리큐에 이르러 2장 혹은 3장으로 줄어든다. 그리고 몸을 거의 접은 상태로 들어가야 하는 작은 실내와 족자 1장 걸려 있는 극도로 단순화된 실내에서 주인이 주는 차를 마시게 된다.

외부와 열려 있는 공간에서 자연을 음미하며 차를 마시던 우리나라의 차 문화와는 사뭇 다른 모습이다. 빛과 공간은 하나의 미학의 완성을 도와주는 도구이며, 마침내 들어온 그 공간에서 주인이 내주는 일련의 프로세스를 통해 차를 마심으로써 하나의 미학적 완성을 보게 되는 것이다.

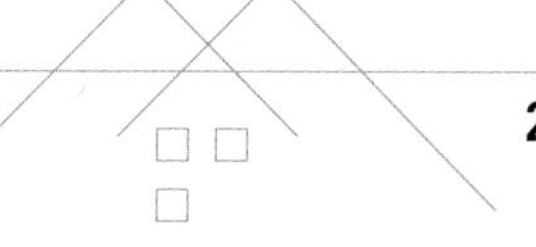

유리로 만들어진 '빛의 암자'

현대건축에서 다실을 구현한 일본 건축가가 여러 명 있는데, 늘 그렇듯 종이로 다실을 만든 반 시게루坂茂나 헬륨 풍선을 이용한 천막 다실을 만든 구마 겐코隈研吾 등이 있다. 특히 스기모토 히로시杉本博司는 2014년 베니스비엔날레에서 유리 큐브로 된 다실을 선보인 바 있다.

마당의 일부를 물로 채우고 그 위에 유리 다실을 띄웠다. 사람들은 좁은 길을 따라 돌다리를 건너 물 위의 다실로 들어간다. 다실은 몬드리안Mondriaan의 구성을 연상시키듯 모던한 형태이고, 바닥의 다다미와 입구의 나무문만 유리가 아닌 재료로 되어 있다.

한발 더 나아가 지붕까지 온통 유리로 만들어진, '빛의 암자'라는 이름의 다실도 있다. 교토 시내가 훤히 내려다보이는 산 정상의 넓고 고요한 데크 위에 지어진 다실 고안光庵이 그것이다. 일본의 디자이너 요시오카 도쿠진吉岡徳仁은 원래 유리 등 빛나는 투명한 재료를 즐겨 사용하는 디자이너로 유명하다.

그가 2011년 베니스비엔날레에서 유리로 만든 투명한 다실 고안의 디자인을 발표했을 때는, 지붕의 기와 하나하나를 모두 유리로 디자인했는데, 실제로는 훨씬 단순한 형태로 구현되었다. 그는 일본을 상징하는 문화적 아이콘 중 하나인 다도가 생겨난 이유를 되새기고, 그 흔적을 따라가며 일본 문화의 기원을 돌아보는 계기가 되기를 원했다고 한다.

도쿠진의 유리 다실은 교토의 쇼렌원靑蓮院 인근에 지어졌다. 쇼렌원은 794년부터 1185년 사이 헤이안 시대에 건립된 절로, 교토에 소재한 천태종파의 몬제키門跡(황실 또는 고관 자제가 출가해 머물던 사찰) 다섯 군데 중 하나라고 한다. 알 만한 사람만 찾아간다는 그곳의 정확한 위치는 쇼렌원 뒤쪽의 산 정상에 있는 '쇼군즈카將軍塚' 옆, 다이니치당大日堂이라는 쇼렌원의 부속 사찰이 있던 자리다.

쇼군즈카는 간무 천황이 교토가 한눈에 내려다보이는 곳에 수도 수호의 의미로 높이 2.5미터 장군상을 흙으로 만들어 갑옷을 입히고 철제 활과 화살, 칼을 채워 묻도록 했다고 전해지는 곳이다. 혹은 기요미즈사淸水寺를 지은 사카노우에 다무라마로坂上田村麻呂라는 장군의 무덤이라고도 하는데, 그는 훗날 쇼군이라는 칭호를 천황에게서 처음 받은 인물이자 백제의 피를 이어받은 도래인渡來人이라고도 한다.

다실의 배경이 되는 '세이류덴靑龍殿'은 본래 1914년 다이쇼 천황의 즉위를 기념해 기타노北野 덴만궁天滿宮 터에 건립된 무도 연습장 유리 다실 기둥은 주위를 비추는 스테인리스 미러로 마감되어 빛이 반사되고, 지붕은 유리판을 겹쳐 쌓아서 만들었다. 요시오카 도쿠진은 그 안에서 사람들이 자연과의 일체감을 느꼈으면 했다고 한다.

으로, 당시의 목조건축 기술이 집약되어 있고 현재는 구할 수 없는 재료로 만들어졌다고 하는데 2014년 이곳에 이축되었다.

다실은 구조체인 철골을 제외하면 모두 유리로 지어졌다. 가로세로 4미터, 높이 3미터의 유리 다실 기둥은 주위를 비추는 스테인리스 미러로 마감되어 빛이 반사되고, 지붕은 유리판을 겹쳐 쌓아서 만들었다. 다실 바닥에도 두툼한 유리 패널을 짜맞추어 유리의 부드러운 물결무늬가 빛과 만난다.

빛은 사계절, 그리고 하루 중에도 시시각각 표정을 바꾸는데, 요시오카 도쿠진은 그 안에서 사람들이 자연과의 일체감을 느꼈으면 했다고 한다. 보통 다실에 있으리라 여겨지는 족자도 꽃도 없지만 오후의 어느 시간, 햇빛이 천장의 프리즘을 통과해 무지개를 만들어내며 꽃처럼 화사하게 다실을 장식한다. 역시 유리로 제작된 벤치 세 개가 다실 주변에 놓여 있어 거기 앉아 다실 안에서 진행되는 다도 의식을 감상할 수 있다.

빛이 가득한 자연을 향해 활짝 열리는 현대의 다실은 빛이 최대한 절제된 어둑한 다실에서 마음을 닦았던 전통 다실의 반대편에서 있다. 그것이 일본 디자이너들의 전통에 대한 새로운 방식의 이해이자 도전이라고 생각된다.

참고문헌

대니얼 섁터, 박미자 옮김, 『기억의 일곱 가지 죄악』, 한승, 2006년.

마르셀 프루스트, 김희영 옮김, 『잃어버린 시간을 찾아서』(전10권), 민음사, 2012년.

박지원, 김혈조 옮김, 『열하일기』(전3권), 돌베개, 2017년.

알도 로시, 곽기표 옮김, 『과학적 자서전』, 소오건축, 2006년.

알베르 카뮈, 김화영 옮김, 『시지프 신화』, 민음사, 2016년.

장 폴 사르트르, 방곤 옮김, 『구토』, 문예출판사, 1999년.

장정일, 『햄버거에 대한 명상』, 민음사, 2002년.

정민, 『강진 백운동 별서정원』, 글항아리, 2015년.

카를 구스타프 융, 조성기 옮김, 『카를 융 기억 꿈 사상』, 김영사, 2007년.

한국건축개념사전 기획위원회, 『한국건축개념사전』, 동녘, 2013년.

공간을 탐하다

초판 1쇄 2021년 12월 7일 찍음
초판 1쇄 2021년 12월 13일 펴냄

지은이 | 임형남·노은주
펴낸이 | 강준우
기획·편집 | 박상문, 고여림
디자인 | 최진영
마케팅 | 이태준
관리 | 최수향
인쇄·제본 | (주)삼신문화

펴낸곳 | 인물과사상사
출판등록 | 제17-204호 1998년 3월 11일

주소 | 04037 서울시 마포구 양화로7길 6-16 서교제일빌딩 3층
전화 | 02-325-6364
팩스 | 02-474-1413

www.inmul.co.kr | insa@inmul.co.kr

ISBN 978-89-5906-623-0 03540

값 17,000원